舞麥 2

天然食材的美味麵包

Making Bread with Local Ingredients

天然食材做麵包 找回食物的原味

生物存在的最根本需求是生存及繁殖，生存的主要「工作」之一就是吃。吃下食物才有熱能，再轉換成動能，讓生物可以繼續生長或生存。

人類的老祖宗在燧人氏出現前，沒有火，因此，沒有烹飪可言，吃的方式是茹毛飲血。有了火之後，開始有了廚藝。從單品到混合不同食材做簡單燒烤，最後演變出煎、炒、煮、炸等精湛的廚藝。

工業革命及科學尚未發達之前，不論是廚師或烘焙師，能用的調味就是鹽和香料，都是從自然界尋找天然食材增進風味及食物的豐富層次。隨著科學演進，加上人類人口在廿世紀末爆增，還有企業化的大量生產，我們吃的食物裡加進的非天然東西越來越多，就在縱容口腹之欲及生產者方便大量生產的機制下，陷入吃下有害健康物品的危機中。

所謂物極必反，許多事物終究會返璞歸真。當大家一再發現我們吃下許多原本不需吃、不該吃的添加物後，有覺醒的人開始會思考，我們真的需要吃得那麼複雜嗎？其實，美食真的不必依賴那麼多非必要、甚至是有害的添加物。想想，早年皇帝吃的山珍美味，有非天然的添加物嗎？御廚們無非利用手藝，發揮天然食材的風味，再配合擺盤及雕飾等刀工，讓主子食指大動，大快朵頤。

在發生這麼多食安事件後，如果我們有認真去思考，使用非天然的添加物，受惠的都是生產者。一個是方便標準化作業，可以在人員流動下，大量生產的流程不受影響，不會中斷；再者是可以增加保存時間，方便長程運送及長時間展售；還有的是增加風味，吸引消費者的購買欲，甚至是謬讚；以為生產者使用最好食材，有頂尖的技術，可以做出讓人吃了會「彈舌」的食物。結果，消費者承擔吃下非必要化學物質的風險，還有被欺騙的事實，因為吃下的根本不是好食材，也不是廚藝精湛之作。

為了活得健康，吃天然食材是王道。

使用天然食材當然有其限制，那就是難以規格化、系統化，只有操作者自己經過多次的練習和揣摩，才能體會出箇中訣竅。這也是早年拜師學藝要三年六個月的原因之一，不像現在，有些人上了些課，就嚷著要獨立門戶，自行創業。

不過，也不必太畏懼天然食材的不穩定性，畢竟他的不穩定是有限度的，只要動手去摸，去做，聰明者，很快就知道，真的不難；而一般人，一樣能抓出訣竅。因為重點就在水分的拿捏和操作時有時麵團太黏手罷了。所以，丟掉櫥櫃裡不必要的添加物，開始試著使用天然食材做麵包，很快就可以做出美味又健康，讓親朋好友吃到真正讚賞且健康的麵包。

台灣，是人稱的寶島，除了氣候合宜，還有良好的農業技術。不但原生的水果蔬菜能改良到四季皆有，國外不同氣候生長的蔬果，一樣能生產。這些隨手可得的天然蔬果就是最佳食材，只要稍加巧思，都能化為麵包的餡料，既天然又營養。

舞麥窯多年來就一直以使用本土食材為目標，從最早的紫米地瓜麵包、南瓜吐司等到自烤鳳梨乾。經驗累積發現，使用本土新鮮食材真的不難，重點只在於水分的掌控，縱然麵團過濕，也不必怕，只要在整形時多撒點手粉，不必擔心太黏手，一樣可以做出美味健康的好麵包。

天然食材要加入麵團裡，方式不外乎把汁液當水、或將食材煮爛、烘乾、煮熟等再融入或包入麵團中。汁液當水就是把食材直接加水打成汁液，當成烘焙百分比的水，只是裡面還有食材本身的固形物，所以要把「水」的比例調高些，也可以利用揉麵時添加調整。例如香椿麵包就是將香椿加點水打成汁液加入。

煮爛打入，就是把食材煮到熟透，揉麵團時直接跟著麵粉一起揉，由於食材裡含有水分，所以，水的比例就要調降一些。也可利用揉麵團時加粉調整。如南瓜就可以直接煮爛打入麵團，另外軟嫩的水果也可以直接揉入，像香蕉或葡萄（要去籽）。

烘乾打入最簡單，許多烘焙食材都已烘成果乾，等麵團揉出筋度後再加入。方法是手揉麵團，可以等到揉出麵筋後，把麵團壓平，將果乾平鋪其上，再用切疊方式揉入，也就是對切後對疊，再對切、對疊，四、五次就可以使麵團與果乾均勻的融合。像葡萄乾、桂圓乾都是如此。

前述三種方式，其實已經夠了，不過，對於外露易焦的食材，還可採最後包入的方法，也就是經第一次發酵、分割、整圓後再壓平，食材平鋪於麵團上，再捲包進麵團，這樣食材就完全不會外露，而且分量平均。像起司就可利用這方法。

許多事，聽別人說難，心理有了障礙，常會打退堂鼓。就像自養酵母一樣，許多人都說難，其實，只要動手去做，真的不難。不少人看了《舞麥！麵包師的12堂課》動手開始養酵母，發現，放下心理的掛罣，做，就對了。因為動手做，是成功的唯一途徑。

為了讓更多人在家利用天然食材做麵包，我把這些年累積的經驗跟大家分享，讓大家可以跳過嘗試錯誤的階段，希望大家都能在家做出美味健康的麵包。

張源銘

新鮮蔬菜好健康

元氣穀物 好營養

五穀雜糧類含有良好的澱粉及營養素，不僅可以取代稻米作為主食，也可加入烘焙的麵包、糕點中，使用途更加多樣化。

紅豆

五穀雜糧中的鐵娘子

紅豆富含鐵質，是補血的聖品，可以促進血液循環，擁有紅潤的好臉色；而煮紅豆的紅豆水是利尿、消水腫的天然飲品；適量攝取紅豆，有助於身體健康。

抹茶與紅豆 揉合後的茶香麵包

最家常的食材，往往最難表現它的風味，因為，它的味道大家早已熟悉；卻也是一定要挑戰的食材，要讓大家能感受到不同於一般的味蕾挑動。紅豆湯，大家耳熟能詳，更是大街小巷最常見的甜湯飲品；紅豆牛奶冰棒是各商家必推冰品之一；而抹茶紅豆更是許多日本甜點店的招牌商品。紅豆更被認為是利尿，消水腫的好食物，有人為此還特地煮紅豆水喝。

舞麥窯很受歡迎的「抹茶紅豆吐司」，常有客人問道，為什麼紅豆總要跟抹茶在一起？我愣了一下，只好虛應故事一番，天底下，有些本來就合的東西，是註定要在一起的，我猜大概是以紅豆的甜味去中和抹茶的苦味吧。

雖然市面上有許多紅豆麵包，但開始思考麵包配方時，並沒想過以紅豆入餡，覺得那太普通了。之所以會用到紅豆，其實是想幫茶農的忙，想在麵包中添加烏龍茶或金萱茶的茶香味，所以才模仿抹茶紅豆的作法，使用紅豆。沒想到，自己做的紅豆麵包，所煮的紅豆餡由於不會太甜，反而成為主角，是許多老顧客喜愛的人氣商品。

剛開始，我曾經試過茶葉入餡。或許是個人學藝不精，說真的，要把好茶葉的茶香留在麵包裡實非易事。不論是先熱泡、冷泡再濾水加進麵團，或是把茶葉直接拌進麵團裡，茶葉的香好像就只肯在人間停留一次。經過蒸烤後，剩下的餘韻已非常人所能分辨，等到麵包涼了，那餘韻也隨著熱氣「氤氳」到空氣中，聞不到也吃不到。

大概有香氣的飲品都如此吧！我也曾試做過咖啡麵包，一樣也是無疾而終。咖啡雖然是磨粉再沖泡，但要加進麵團且保留它的香味，試過直接加入大量現磨咖啡粉到麵團裡。想說，長時間發酵可以像是冷泡，進爐烘焙又像是熱沖一樣。結果，想要的香味並沒有呈現出來；也曾先沖泡成咖啡，再把咖啡液當水加進麵粉裡，卻始終無法做到想要的咖啡或茶的香味。所以，咖啡麵包不做了，但茶葉麵包還可另謀他法。

完美的餡料比例 動手去試就對了！

既然想利用茶葉做麵包，還是學日本人，把茶葉磨成粉，再加進麵團裡拌。人家是抹茶，我們就用台灣綠茶粉，而且拜茶葉的葉綠素之賜，雖然香氣無法呈現，但綠茶的綠總算可以透過麵團顯現。讓大家看到真的加了綠茶粉，而非老要我們的顧客靠想像。

當然啦，凡事要是都能一蹴可幾，就沒所謂技術啦。許多事說難，不難；說簡單，就靠「江湖一點訣」。為了讓吃麵包的人能在麵包中看到茶葉的綠，當然是綠茶粉加多一點好，但綠茶粉不是沒味道的，加多了會苦；加少了，顏色又太淡。解決綠茶粉多寡的方法，其實很簡單，就試嘛！

加加減減，多試幾次，就能找出自己覺得合適的比例；得到客人的反應再修正，最後就能調整出最適當的比例。而這個比例就是我們的最佳比例，不一定放諸四海皆準。因為每個人的品味喜好，還有各自的客層群不同。要做出自己的特色，就需要不斷嘗試，找出自己的風味。

說到這兒，忍不住要提一下題外話。常有朋友問有關做麵包的事，他們想學著做。有的是買我的書，看著做，一遇到問題就趕快問我，想要快速得到解決方案。覺得被需要絕對是有益心理健康的，但我有時會「無情」的回說，你應該自己思考一下，遇到問題的關鍵在哪裡？

為什麼？有沒有解決的可能？接著，就是動手去試呀！

若一收到問題就回答，除了有些問題我看不到全貌，難以解答外，也擔心自己成為「直升機」師傅，一直在他們腦海上空盤旋，好像海鷗直升機一樣，隨時要解救他們。不斷替別人解決問題的結果，是自己的功力會不斷提升，最後，我都練到蕩劍式，別人還在蹲馬步。

閒話說完，講完綠茶，就該紅豆上場了。

甜而不膩的黑糖蜜紅豆

以紅豆入餡應該很簡單，市場賣紅豆湯的那麼多；各式甜點用到蜜紅豆的那麼多，有需求就會出現供應。一開始，擔心自己紅豆煮不好（事實是試過，煮不出粒粒分明的蜜紅豆），就先向供應商購買。

台北市有家專賣紅豆餡的廠商，真的無添加，料好實在，但這個「實在」，對我們來說有時是負擔，那就是糖放很多，超甜的！這不是沒原因的。大家要知道，防腐除了添加防腐劑的非自然方法，老祖宗的自然方法有三種，加糖、加鹽或曬成乾。不論糖或鹽都要加到一定比例以上，才不會發黴。據友人告訴我，糖是搶水喝，鹽或日曬都是讓細胞脫水，所以，不夠甜就不能防發黴或酸臭。

我雖然愛吃甜，卻不愛太甜，我們要包進麵團的蜜紅豆，量很大，用了一段時間，決定走回頭路，自己煮吧。還好，這時，發現我們的磚窯真是綠能的好寶貝，烤完麵包的餘溫，拿來「烤」煮紅豆最合適。只要加適量的水，蓋上蓋子，悶煮3小時，倒出烘煮剩下的水（這水可保留做為拌麵團的水），再拌上黑糖，就成為「黑糖蜜紅豆」。

一般家庭可以利用萬能的電鍋蒸煮，先將洗淨的紅豆和水入鍋煮。熟了，再倒出紅豆水，留用，倒進黑糖再放到電鍋裡保溫，等糖融化後，再拌勻，即成蜜紅豆。蜜紅豆可以短期冰存，因糖的比例不高，縱然冰存，但時間太久也會導致酸臭。

紅豆麵包的作法很簡單，只要麵團分割整圓，再壓平，平鋪上蜜紅豆，捲起麵團時，將紅豆也捲包進去即可。紅豆入麵團，包捲的好，烘烤完成麵包橫切面，會有紅豆的捲心面圖案，紅綠相襯，很好看。

休耕栽種 促進農地復耕

提到紅豆，最近看到楊儒門推動吃紅豆湯搶救休耕農地的理念，讓我大大讚賞。台灣許多休耕農地需要復耕，推動的人和團體有很多，推動栽種的農作物也很多種。種紅豆，我支持，因為它是台灣在地且合適的農作物，種這類的農作物，栽種者才有未來，才有希望。

否則，栽種外來農作物，成本高，收成少，連品質都不佳，加工做的產品難以推廣。如果老以愛台灣，用本土的信念行銷，效力終究會鈍化。最後，可能落得血本無歸，誤了農民，更讓支持的消費者傷心。

在休耕農地上適合栽種的除了紅豆，像紅薏仁、蕎麥、藜麥、高粱等雜糧都不錯，這些都可以加進麵包裡，有心支持的烘焙業都可以發揮巧思促進台灣農業成長。進口的農產品不完全是有罪，某些農產品就有地區之分。像小麥因為麵製品很多，尤其是麵包用量大，真要改用本土小麥做的麵粉，不單是成品不佳，量也不見得夠。

大家不如跳脫一下思維，讓小麥成為推動台灣農業改革及發展的載具，以烘焙業每年的消費量，只要大家都肯多用一些台灣農產品當配料，例如，我們的紫米地瓜麵包，摻雜一半的紫米粉。烘焙界願意相挺，只要在麵粉裡加入20%的米穀粉，口感相差不多，但米的用量會跟著大幅提高；或利用本土食材做為餡料，協助農業多元化，相信也能促進一定面積的農地復耕。

食材處理DIY

黑糖蜜紅豆

作法／

一　紅豆洗淨後濾乾水分倒入電鍋的內鍋中。

二　加入適量的水，放進電鍋，蓋上蓋子，開關跳起再悶煮3小時。

三　煮好的紅豆濾乾水分，拌入黑糖。

四　放回電鍋繼續保溫，直到黑糖完全融化，再輕拌均勻為「黑糖蜜紅豆」。

抹茶紅豆麵包

黑糖蜜漬成的蜜紅豆與略帶苦澀味的抹茶，一直是甜點中令人喜愛的搭配，呈現淡綠色的麵包中含有甜蜜的紅豆，一口咬下，茶香、豆香、麥香真是滿足！

材料

A 雜糧粉 180g、高筋麵粉 740g、水 615g、自養酵母 185g
海鹽 14g 、黑糖 46g、初榨橄欖油 28g、抹茶粉 23g

B 蜜紅豆適量

作法

1 材料 A 全部倒入鋼盆中以手攪拌均勻為麵團。

2 桌面先撒些許麵粉，防止沾黏。

3 麵團放於桌上持續搓揉，揉約 30 分鐘，待麵團表面產生光滑。

4 放進鋼盆裡，覆上保鮮膜，放入冰箱低溫發酵。

5 低溫發酵至少需經過 8 小時（可延長到 12 小時），再取出麵團放於室溫下約 3 小時（夏天溫度高，可縮短，冬天要較長時間），使其回溫並加速發酵。

6 發酵後的麵團會膨脹約 0.5 ～ 1 倍，麵團靜置約 10 分鐘，以刮板分割稱重，每顆重量約 300g。

7 麵團包入蜜紅豆，整形為魚雷形。

8 放於發酵布上，放置涼爽處發酵約 1 小時。

9 麵團表面用小刀劃出紋路。

10 進爐前約半小時，先開啟電爐開關以上火 200℃／下火 180℃ 預熱。

11 待麵團只要再發酵約 0.5 倍大，就可以進爐烘焙約 25 ～ 30 分鐘。

12 烤好的麵包用手指輕敲底部，有叩叩聲即表示熟了，或插入溫度計，超過 93℃ 就可出爐。

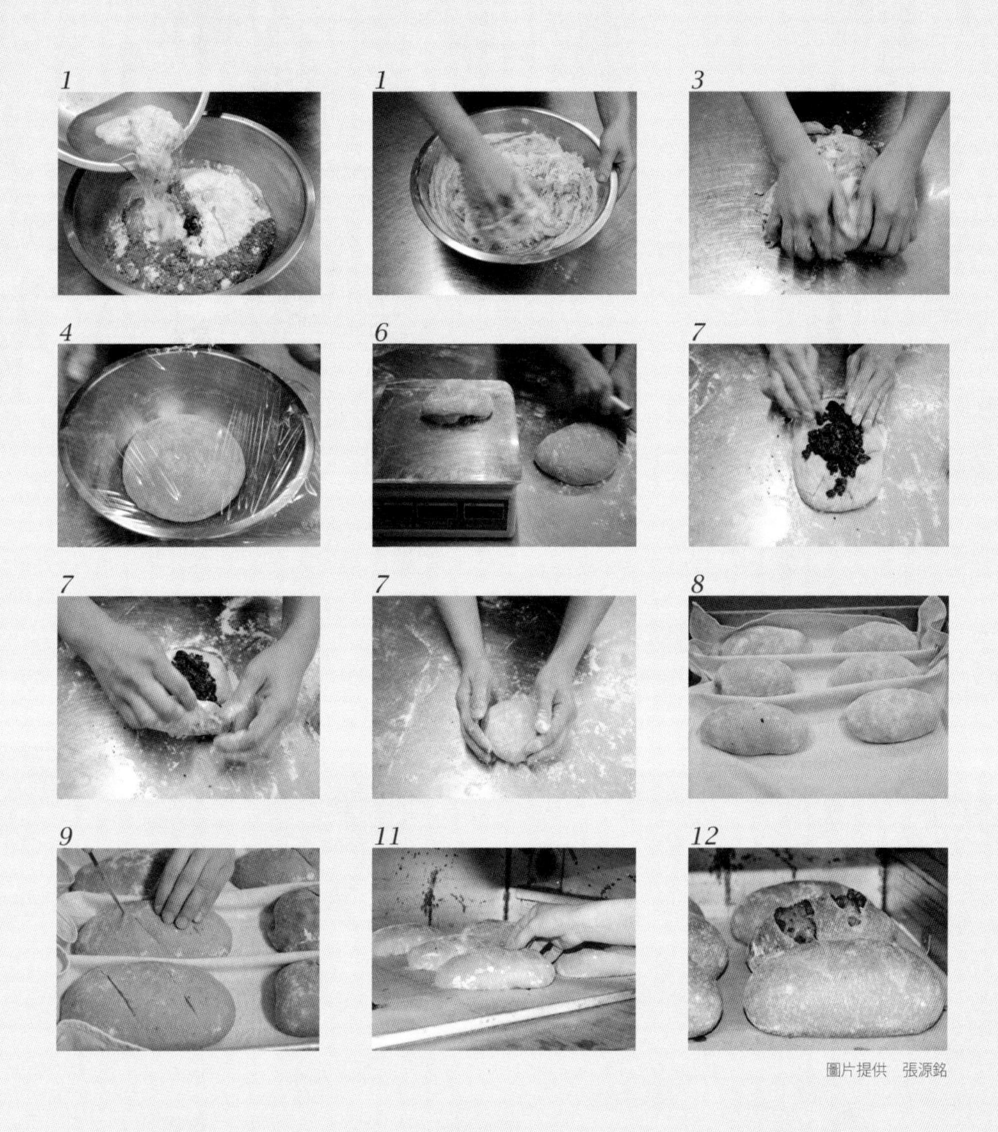

圖片提供　張源銘

黃豆與黑豆

豆中之王

自古以來的天然食補食材「黑豆」，與蛋白質營養含量超過肉類的「黃豆」，兩者均可並列為「豆中之最」，是現代人養生飲食不可或缺的食材之一。

老祖宗的保健養生品「黑豆」

中華人民共和國前總理鄧小平曾說：「不論黑貓、白貓，會捉老鼠的就是好貓。」我說：「不論黃豆、黑豆，只要是營養豐富的豆，都是做麵包餡料的好豆。」貓好不好？對烘培者來說，重點在知道怎麼抓老鼠；豆好不好？重點在如何讓它與麵團結合還能保留原始風味。不過，不論黃豆或黑豆，都是公認營養豐富的食材，而且是東方人特愛的食物，不管如何，都是要拿來做麵包。

「黑豆」，是很多人眼中最佳保健食品，近年尤其盛行；還有人拿黑豆浸酒，喝黑豆酒養生。不過，黑豆對我來說，好像一直停留在醬油或黑豆豉，總覺得它是做醬料相關的食材，跟直接拿來做餡料拉不上關係。真要說有，大概就是把黑豆當黃豆，拿來浸泡後磨成黑豆漿飲用，或是買市售的黑豆漿，輪替一下黃豆漿的風味。

直到去年，家人到屏東滿洲鄉遊玩，經朋友介紹，才知滿洲鄉近年推廣原生種黑豆，在國立屏東科技大學協助下，產出廣受好評的醬油。此外，滿州鄉農會積極推廣黑豆，以幫助當地農民，於是我就想把富有多種營養素的黑豆拿來做為麵包餡料。

既然有起心動念，那就動手做！先查詢了黑豆的營養，結果，琳瑯滿目，篇篇精彩，不外乎稱讚黑豆蛋白質含量高，是肉類的2倍，雞蛋的3倍、牛奶的12倍，還含有多種氨基酸、油酸、不飽和脂肪酸，除能滿足人體對脂肪的需要外，還有降低血中膽固醇的作用。又說，黑豆可以軟化血管，而且粗纖維高，本草綱目記載，「黑豆入腎功多，故能治水、消脹、下氣、制風熱而活血解毒」。

另外，我覺得比較有趣的訊息是，以往，農民會拿黑豆餵養牲畜，發現牛、馬、羊吃了黑豆以後，這些牲畜會變得比較強健、有力且抗病力強，所以，黑豆常被當作牲畜飼料。

這讓我想起去澳洲塔斯馬尼亞拜訪“Alan Scott”（註）時，他每天必吃自煮的燕麥粥，他說，古時候，英國軍隊吃小麥，拿燕麥餵戰馬，覺得戰馬吃燕麥特別健康有耐力；後來，戰事膠著，小麥吃完了，士兵跟著吃燕麥，發現大家的身體更強壯有力，燕麥因此成為保健穀物，大家都愛吃燕麥養生。這對照現代社會的飲食，也有異曲同工之妙，許多早年我們不吃，拿給牲畜吃的食物，現在好像都變身成為健康食物，例如地瓜葉等。

（註）"Alan Scott" 生於澳洲塔斯馬尼亞，是美國知名 DIY 柴燒磚窯烘焙麵包專家，晚年告老還鄉，已於二〇〇九年〇一月在塔斯馬尼亞辭世。

黑豆入餡 再現日本味

言歸正傳，話說，黑豆要做麵包，依我的一慣想法就是泡水後磨成漿加入麵團，但這樣好像會少了些許黑豆的香味；直接混進麵團，又怕烤不熟。靈光一閃，想到可以仿日本風味呈現，於是就將黑豆加高級白味噌先蒸熟，讓味噌味入黑豆，再拌入麵團裡。另外，為了強調日本味，麵粉裡也添加大比例的蕎麥粉，做成蕎麥黑豆，算是濃濃日本風的歐式麵包了。

天然的蛋白質補給品「黃豆」

至於黃豆，一樣被稱為營養的食物，有人甚至稱它為「豆中之王」。這麼好的食材我們當然會拿來製做麵包，而且使用台灣本土的黃豆。

根據衛福部的網站資料，指黃豆營養素可抗癌、預防骨質疏鬆症。對於更年期婦女補充天然荷爾蒙也具成效，那是因為黃豆富含大豆蛋白質和卵磷脂；所含的卵磷脂，完全不含膽固醇，有預防動脈硬化、高血壓等心血管疾病、護膚、排泄毒素、促進細胞活性化，延緩老化以及幫助脂溶性維他命吸收等功效，是促進人體健康的好幫手。而且，「大豆異黃酮」即大豆蛋白質中含有12種異黃酮，是由大豆胚芽萃取出的植物性雌激素，對癌症的起始因子具抑制作用。

大豆異黃酮除了有預防癌症的功效，在人體內有類似女性荷爾蒙的作用，能有效舒緩更年期帶來的不適感，也能降低骨質疏鬆症的發生。所以在更年期發生前，建議多攝取豆乾、豆腐、豆漿等豆類食品。

黃豆還含有大豆皂素，是一種抗氧化物質，可以抑制自由基，預防罹患癌症。因為植物皂素會與膽酸（或膽固醇）結合，使得腸道內膜不受到膽酸的刺激與影響，可避免罹患大腸、結腸癌。黃豆所含的植物皂素含量最高，其他還有大豆纖維，未過濾豆渣的豆漿裡有大量的大豆纖維，飲用後有幫助消化的效果，並且有飽足感。

衛福部的網頁資料還指出，根據美國食品及藥物管理局（FDA）建議，每人每天應攝取25公克的黃豆蛋白，以豆漿容量來計算，約莫一公升；更年期婦女則可增加約莫500公克的量，來補充不足。

營養健康的豆漿吐司

雖然黃豆很營養，但風味不強，因此我們的做法比較單一；先把黃豆泡水，放在冰箱裡等它發芽（放在室溫會酸臭），待發芽後磨成豆漿，不過濾，把含有豆渣的豆漿拿來替代水的比例，也就是不再加水，直接用豆漿當水做成豆漿吐司。

這樣做出來的豆漿吐司，風味沒法濃郁，只有信任的老顧客們知道我們的用心和使用食材從不節省，會很支持也很喜愛這款吐司。不過，在家自己做，最知道自己加了多少營養的東西，這是營養豐富又健康的吐司，且因為風味不強，反而可以自由搭配。

食材處理DIY

黑豆

作法／

一　黑豆洗淨後泡水，放入電鍋中。

二　加入適量的白味噌，按下開關，蒸煮黑豆即可。

1

2

2

2

黃豆

作法／

一　黃豆洗淨後泡水，放入冰箱裡等待發芽（放於室溫下會酸臭）。

二　待發芽後從冰箱取出，以果汁機打成豆漿，不用過濾豆渣，備用。

1

2

若想要增強風味，可以取部分黃豆以小火慢炒到表面黃而不焦，加入已發芽的黃豆中，所添加的比例約一（炒過的黃豆）比五（發芽的黃豆）。

圖片提供　張源銘

豆漿吐司

含有豆渣的豆漿最營養了，將它代替材料中的水分，以純豆漿作成的吐司，咬下一口，豆香滿溢。

材料

雜糧粉 166g、高筋麵粉 660g、自養酵母 166g、天然海鹽 12g、黑糖 41g
全黃豆豆漿（發芽黃豆 400g、炒黃豆 50g，加入水 280g 打成漿）730g

作法

1. 材料全部倒入鋼盆中以手攪拌均勻為麵團。
2. 桌面先撒些許麵粉，防止沾黏。
3. 麵團放於桌上持續搓揉，揉約 30 分鐘，待麵團表面產生光滑。
4. 放進鋼盆裡，覆上保鮮膜，放入冰箱低溫發酵。
5. 低溫發酵至少需經過 8 小時（可延長到 12 小時），再取出麵團放於室溫下約 3 小時（夏天溫度高，可縮短，冬天要較長時間），使其回溫並加速發酵。
6. 發酵後的麵團會膨脹約 0.5 ～ 1 倍，從鋼盆取出放在桌上，以刮板分割麵團，每顆重量約 700g。
7. 整圓後靜置約 10 分鐘，再放到吐司盒發酵約 1 ～ 2 小時。
8. 進烤爐前約半小時先開啟電爐開關，以上火 200℃／下火 180℃預熱。
9. 待麵團發酵至約吐司盒的 9 成高，蓋上模蓋，進爐烘焙約 60 分鐘。
10. 取出烤好的麵包用手指輕敲底部，發出叩叩聲表示已烤熟，或插入溫度計，超過 95℃即可出爐。

圖片提供 張源銘

黑豆麵包

將日本白味噌加入黑豆中一起蒸煮，煮熟的黑豆帶有濃濃的味噌香氣，東洋風味的黑豆麵包，令人驚豔。

材料

A 雜糧粉（或蕎麥粉）160g、高筋麵粉 640g、水 480g、黑糖 40g
自養酵母 160g、天然海鹽 12g、黑糖 40g、橄欖油 24g

B 黑豆 300g

作法

1. 材料A全部倒入鋼盆，用手攪拌均勻為麵團。
2. 桌面撒上些許麵粉防止粘黏，放上麵團繼續搓揉，揉約 30 分鐘，待表面產生光滑。
3. 將麵團壓平，黑豆鋪平於麵團上。
4. 刮板從麵團中間切開，取一半疊到另一半上方，從中對切後再疊。
5. 切、疊的動作重複 5 次，就可以將黑豆平均分布於麵團中。
6. 麵團整成圓形，表面盡量保持光滑，放進鋼盆，覆上保鮮膜，放入冰箱低溫發酵。
7. 低溫發酵至少需經過 8 小時（可延長到 12 小時），再取出麵團放於室溫下約 3 小時（夏天溫度高，可縮短，冬天要較長時間），使其回溫並加速發酵。
8. 待麵團膨脹約 0.5 ～ 1 倍大，即把麵團放在桌上，以刮板分割稱重，每顆重量約 300g。
9. 麵團整圓，靜置約 10 分鐘後整形為橄欖形。
10. 整形好的麵團放於發酵布上，放置涼爽處發酵約 1 小時。
11. 以小刀在麵團表面劃出紋路。
12. 進爐前約半小時，先開啟電爐開關以上火 200℃／下火 180℃預熱。
13. 待麵團只要再發酵約0.5倍大，即可送進爐中烘烤，約25～30分鐘後取出。
14. 烤好的麵包用手指輕敲底部，有叩叩聲就表示熟了，或插入溫度計測溫，超過 95℃度就可出爐。

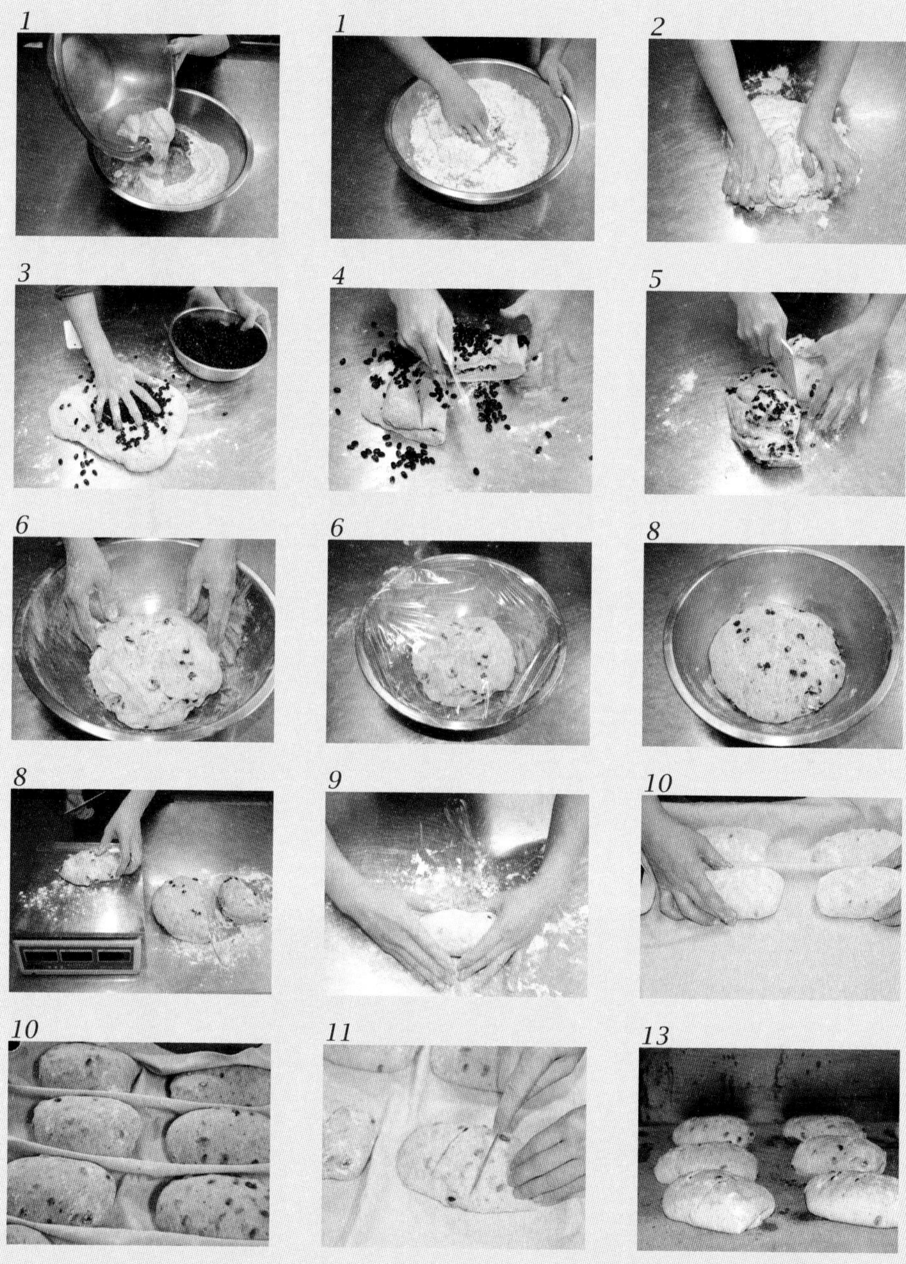

圖片提供　張源銘

紅薏仁

營養滿分的高蛋白穀物

紅薏仁又稱為糙薏仁，由於未去除掉麩皮，保留薏仁更完整的營養成分，為穀物中高蛋白的來源。

喜新不厭舊的消費習慣

早年在陽明山國小任教時，班上有一位學生是中德混血兒，前些年回山上和她媽媽聊天，她曾笑稱台灣人真的很愛吃，電視節目天天都是介紹吃的。她還說，台灣沒有異國料理，不管是義大利菜、法國菜、越南菜……，通通都要冠上台灣兩字。因為這些菜在台灣早已被同化，都經過改良，成為台灣口味的菜。當時聽她這麼一說，我也頗有同感。

在做麵包的過程中，為了抓住消費者的心，我有一定的堅持。但在堅持之外，也要費心去迎合消費者的口味，這中間的心理擺盪，有時蠻矛盾，也很辛苦。這些年下來，讓我感到奇特的是，台灣多數消費者是喜新，但不一定厭舊，或許是錯覺，我覺得外國消費者好像比較戀舊，從國外麵包店的網頁去看他們的品項，有些店家所販售的麵包種類就簡簡單單的，約十種左右，而消費者也一直鍾愛那少少的品項，他們就靠這些口味長期經營下去。

那位從高中就出國留學的混血兒學生聽了我的想法，雖沒點頭如搗蒜，但也贊同不已。她說，

圖片提供　張源銘

她也是一直喜歡店家的同一種產品，有沒有新口味，不太重要。

建立招牌口味　尋找心目中的經典

舞麥窯在台北開設門市店面後，偶爾會有客人一上門就問：「今天有什麼新口味？」，聽到沒有新品項，頓時顯得興趣缺缺。或許是他還沒找到他認為經典的口味，繼續尋寶中，等他找到心目中的經典麵包，大概就會定下來（這是我想的）。

也有客人直爽的說，他已經嘗過我們十多種麵包，準備全部吃一輪，出爐表上有列的全部要吃過一遍。為此，還要做筆記，隨時檢查哪一項漏掉了，該哪一天上門。這些花絮，都讓我們覺得受寵若驚，因為他們喜愛我們的麵包，才會努力地在眾多產品中尋找「真愛」。否則，試過一次，就「不必說再見」地不再出現。

雖然，我很希望能像外國的麵包店一樣，只要有幾個招牌口味，就能在街角屹立不搖數十年。但既然在民風不同的國度，就得常思考，怎樣找到新食材，另外，也得努力建立自己的招牌口味，滿足不同習性的消費者。

呈現紅薏仁的原始風味

會想到紅薏仁，應該是源自於跟大麥仁的混肴吧。因為常看到媒體報導，指國內許多商家以去殼大麥仁混充薏仁，糙薏仁應是帶有紅色。既然會拿便宜的大麥仁去混充薏仁，直覺的想法是薏仁有特定的用途和營養，形成特定的市場，而且價格較高，才會有魚目混珠的事發生。

為了確認能買到真正的紅薏仁，就在臉書上求救。網路真的太神了，接連有網友告知有哪些地方可以買到在地的紅薏仁。上網查了一下，哈哈，剛好在家鄉中寮鄉隔壁的草屯鎮有農家栽種並在網上銷售，立馬就訂了一袋（海派的作法又出現，都還在試做，就買一袋，難免要被叨念一番）。

收到紅薏仁，原有意先用石磨磨成粉，再依例加進麵粉。不過，紅薏仁跟其他新鮮食材都有同樣的難題，就是風味不強，一旦磨粉混入麵粉，有如石沉大海，看不到，聞不到，難以讓消費者想像麵包裡有紅薏仁。所以，原狀加入是最佳方法，而先前已想到要跟原味芋頭合體，那就將紅薏仁直接用黑糖蒸煮。

糖蜜紅薏仁入麵團

這時，我們的磚窯又派上用場。利用烤麵包後的餘溫，將紅薏仁加水蓋上蓋子，放進磚窯裡悶煮，待熟透後取出，濾掉水分，拌進黑糖，不僅有了甜味，還保有紅薏仁的黏稠特性。

在家中當然不會有烤麵包的磚窯，可以以電鍋代替。放進紅薏仁，加入約3倍高度的水，外鍋加八分滿杯量的水，再按下開關煮。確認紅薏仁熟透後，濾掉水（可留用做為麵包水），倒入黑糖（比例依個人喜好添加，為與紅薏仁一比一的重量為佳），攪拌均勻，讓紅薏仁吸收黑糖汁，就成黏稠的「糖蜜紅薏仁」。

煮熟的紅薏仁已呈軟爛，不能直接與麵粉一起用攪拌機攪拌。必須等到麵團打出筋度拿到桌上後，以鋪上切開對疊，再切開對疊的方式拌入紅薏仁。在家裡做時數量較少，如果用手揉，就等麵團揉出筋度，再壓平，放上紅薏仁（若與芋頭相配，先加芋頭再放入紅薏仁），切對半，疊上，再切半，重複動作5次即可，再把麵團整圓，放進鋼盆內，等待第一次發酵完成。

食材處理 DIY

糖蜜紅薏仁

作法／

一　紅薏仁洗淨後放進電鍋內鍋，約加3倍高度的水，外鍋加8分滿杯的水，按下開關煮。

二　待紅薏仁煮熟透，濾掉水分，倒入黑糖攪拌均勻，讓紅薏仁吸收黑糖汁，即為黏稠的「糖蜜紅薏仁」。

黑糖比例可依個人喜好添加，建議可以跟紅薏仁以一比一的量加入。

芋頭

平民的淡紫美味

質地鬆綿的芋頭，不論是做成菜肴或甜點，濃郁的香氣總是令人無法抗拒；由於富含澱粉質及纖維質，以它作為主食也是健康、養生的選擇之一。

香甜濃郁的芋泥至今難忘

芋頭是台灣常見的農作物，卻不見得人人都認識它。像我，因家鄉位於中寮鄉馬鞍崙村落，屬山坡地，早年種稻比種其他農作物重要，所以種芋頭的人不多。只有親友或鄰居自栽自吃，偶爾送一兩顆給我們加菜，加上家裡不會多花錢去買蔬果來作料理，因此，芋頭對我來說，不陌生，卻也不是那麼熟悉。

對於芋頭印象較深刻的大概就是「芋粿巧」，這款半月形的芋頭鹹糕點，我並不是那麼的喜愛。因為它是鹹的，不是甜的，對於從小愛吃甜的我，自然沒那麼鍾愛囉。至於糖漬芋頭或是芋泥，

那要到我離開家鄉北上求學後，才慢慢接觸到。因為「糖」在那個艱困年代，算是奢侈品。除了年節，少有機會大量使用，也就不會用糖去蜜芋頭。記得小時候，如果家裡的狗咬傷人，或是去分養別人家的小狗，都會買一兩斤的砂糖當作謝禮送給對方，由此可見糖的珍貴性。

讀師專時（一九七〇～一九七五年），記得有次受邀到學姊家，她家裡正在熬煮芋泥，那是我第一次看到煮芋泥，也是第一次嘗到芋泥香甜的滋味，那味道至今難忘。不過，跟芋頭還是沒有因此而結緣，它好像一直就在身邊，卻不曾靠近。

長居基隆後，隔鄰的金山、萬里也出產好吃的芋頭，不少冰店會在剉冰裡添加甜滋滋的糖漬芋頭塊；還有糕餅店會製作夾有芋泥餡的芋頭蛋糕，我仍然只偶爾品嘗到芋頭的香純美味。

單純的芋香味 受人喜愛

開始做麵包、摸麵團後，有時會想到要用芋頭入餡，但想歸想，一直沒有付諸行動。直到有次在網路上看到小誌農場的「小誌」返鄉種芋頭，透過網路行銷，加上大甲芋頭名震武林，就決定買一些來試做看看，一則鼓勵願意回鄉作農的年輕人，再則也推廣很具本土味的芋頭。

因臨時起意，沒買到，先向大甲區農會訂購芋頭，收到時看了忍不住讚不絕口，不論品質和賣相都很好。沒有加糖試煮，吃在嘴裡，讓人不禁直呼：「這就是我要的芋香！淡雅、純厚。」

後來在臉書看到宜蘭的「坤漳有機農場」有販售芋頭，而且可以少量訂貨，自此就開始結緣。一般總認為有機的蔬果賣相不佳，但他們的芋頭個頭大，外觀佳，應該是蘭陽平原土地肥沃之故。半蒸半烤熟的芋頭角，光聞就讓人食指大動，總令人像小孩般，忍不住偷捏兩塊解饞。吃進嘴裡，有的綿密，有的Q，芋頭清香更不用說，真是好氣候、好產區所產的好芋頭。

對於芋頭的料理方式，不論是糖漬芋角或是芋泥，前提都需加糖，要煮出甜滋滋的口味，讓人嘗到芋香外，還要有股厚實的甜蜜味道。

雖然從小常被媽媽講：「你是螞蟻轉世喔，那麼愛吃甜！」。但對於芋頭入餡，我卻有不同的想法，不加糖、不加鹽，因為我想要芋頭單純的香味，最天然的芋香。

於是試著將芋頭削皮切塊，先用石窯蒸熟，保持原味不加糖，等麵團打好，再拌入芋頭續打，使部分芋塊混入麵團中，但仍保有些許芋塊，讓吃的人能感受到完整的芋香。

圖片提供　張源銘

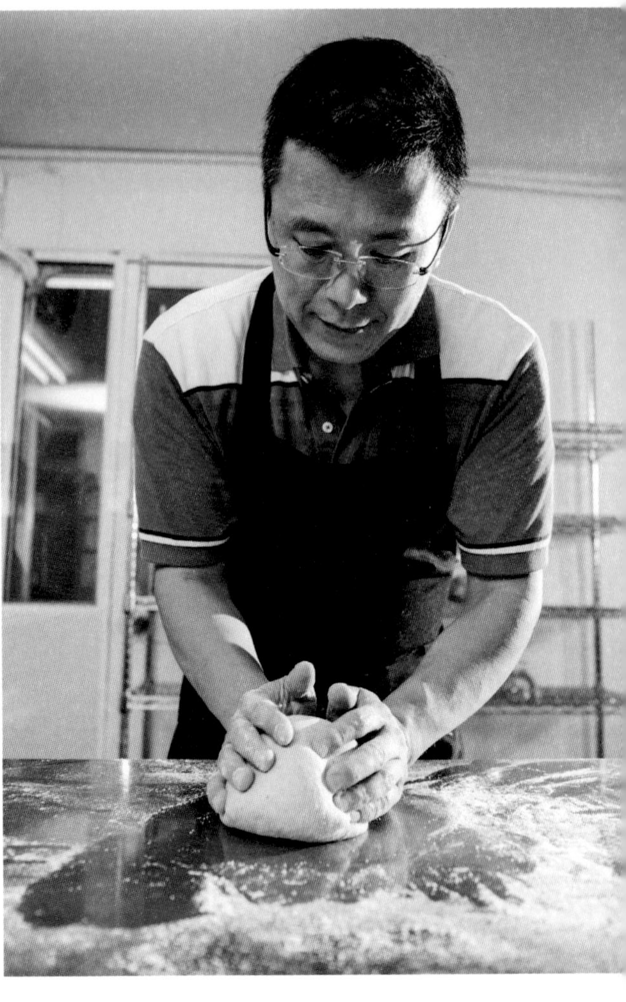

揚棄傳統加糖做芋泥或糖漬芋頭的做法，受到不少喜愛單純芋香的朋友喜愛，因此，原味的芋塊也成為我思考新口味麵包時的基底。由於是原味，要做甜或鹹都可，像與糖漬紅薏仁結合，就成了甜的芋頭紅薏仁；遇到糖漬蓮子，就是芋頭蓮子；如果和三星蔥一起入餡，就可以製作出風味像是「芋粿巧」的蔥香芋頭。當然啦，喜歡甜芋頭的人，自己動手做成芋泥或糖漬芋頭，都可在麵團打好後再用捲的方式包入，做成芋香麵包。

芋頭入麵團

芋頭入餡，如果要成塊加入，那就得先蒸熟、烤熟或糖漬煮熟，因為芋頭不易熟。雖然烘焙時間將近30分鐘，爐溫也很高，但麵團內部溫度不會超過１００度，這樣的溫度，時間若不夠，芋頭是烤不熟的，所以要熟了才能入餡。

一般在家裡，用萬能的電鍋蒸芋頭非常省事方便，只要將芋頭切薄片放到電鍋裡，內鍋２杯水，外鍋加半杯水，讓它煮好再悶２個鐘頭，取出放涼後就可以使用。如果想要把生芋頭直接加入麵團，唯一方法就是處理磨成細籤狀，這樣才能在烘焙麵包時同時將芋頭烤熟。作法類似「芋頭巧」，將芋籤直接揉進麵團裡。

芋頭還有一個麻煩，就是口感保存不易。蒸好的原味芋頭，放在冷藏庫，超過一週就會發黴或酸掉；冷凍冰存，因水分會被釋出，口感不佳。生鮮的芋頭，冷藏存放，超過一週也會腐爛；為了保鮮及口感，芋頭一次不能買太多。

食材處理 DIY

蒸芋頭

作法／

一　芋頭切薄片放進電鍋。

二　電鍋內鍋倒入2杯水，外鍋加入半杯水。

三　煮好的芋頭在電鍋裡悶2小時，再取出放涼即可使用。

芋頭紅薏仁麵包

煮至鬆軟的芋頭揉入麵團中，搭配黑糖熬煮的糖蜜紅薏仁，濃郁的芋香與充滿黑糖味的紅薏仁香，絕佳的組合令人再三回味。

材料

A 雜糧粉 170g、高筋麵粉 680g、水 540g、自養酵母 170g
海鹽 13g、黑糖 42g、初榨橄欖油 25g

B 芋頭 180g

C 紅薏仁 180g

作法

1. 材料 A 一起倒入鋼盆內，以手攪拌均勻。
2. 桌面先撒上少許麵粉，防止揉麵團時沾黏於桌面。
3. 揉勻的麵團放於桌面，以手持續搓揉，揉約 30 分鐘，待麵團表面產生光滑狀。
4. 稍微壓平麵團，芋頭平鋪於麵團上，以刮板從麵團中間切開，拿起一半疊到另一半上方，從中對切後再疊。
5. 切、疊的動作重複 5 次，就可將芋頭平均分布於麵團中。
6. 麵團分批放進鋼盆中，分次加入紅薏仁；先放一部分麵團再鋪上一些紅薏仁，至麵團全部放入鋼盆中。
7. 完成後覆上保鮮膜，放入冰箱低溫發酵。
8. 低溫發酵至少需經過 8 小時（可延長到 12 小時），再取出放於室溫下約 3 小時（夏天溫度高，可縮短，冬天要較長時間），讓麵團回溫並加速發酵。
9. 待麵團膨脹約 0.5 ～ 1 倍大，把麵團放於桌上，以刮板分割稱重，每顆重量約 300g。
10. 分割好的麵團整圓後，靜置約 10 分鐘，整形成橄欖形。
11. 放到發酵布上，放置於涼爽處發酵約 1 小時。
12. 入烤爐前，麵團表面以小刀劃出紋路。
13. 進烤爐前約半小時，先開啟電爐開關以上火 200℃／下火 180℃預熱。
14. 當麵團只要再發酵約 0.5 倍大，就可以送進烤爐烘焙約 25 ～ 30 分鐘。
15. 烤好的麵包用手指輕敲底部，有叩叩聲即表示熟了，或插入溫度計，超過 95℃就可出爐。

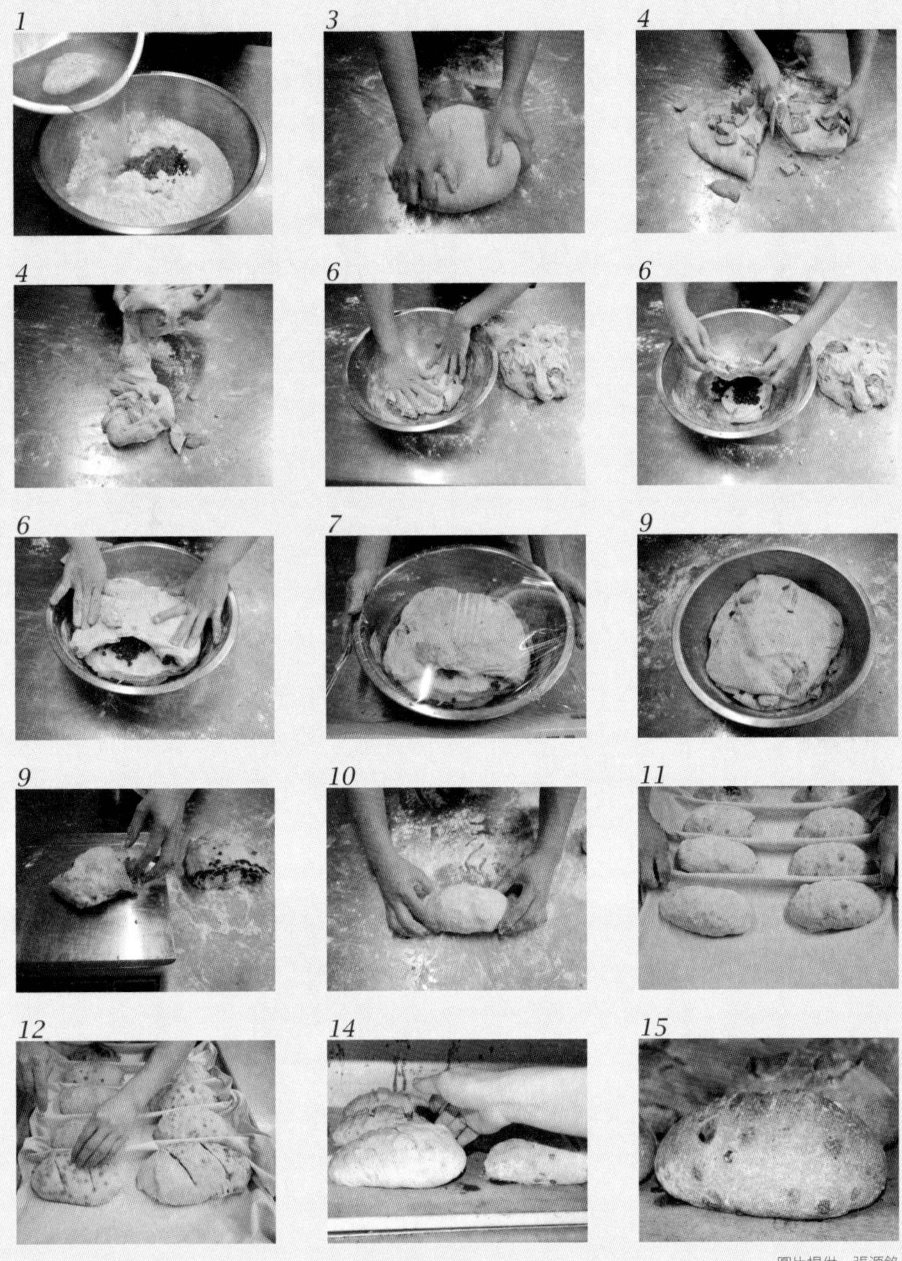

圖片提供　張源銘

紅藜

原住民的百年作物

紅藜為台灣的原生種，是原住民族的古老作物之一，通常做為主食或釀製小米酒的原料，富含澱粉酵素、蛋白質及膳食纖維等，具有全面性的營養價值。

原住民的百年傳統作物

人類的食物和流行一樣是不斷演進的，有創新和復古。「創新」是不斷改良出產量更大，病蟲害更少，更易栽種的品種，像水稻；現在的水稻跟早年的野生水稻，應有天壤之別了吧。「復古」就是大家有時會想起更接近原始品種的食物，也有人刻意尋找，希望找出最初的味道，記得南投就有人尋找出早年的香稻。

紅藜，對我來說，原本只是媒體上曾報導有人於南台灣栽種成功的新聞，是原住民早年的重要食物，對於它的印象一閃即逝，雖然心中也曾閃過要不要拿來做麵包的念頭，但終究沒再去深究，記憶就此深埋於腦海底部。

為了顧客群，開發新產品變成重要的工作。還好，我也是好奇心很重的人，經常在各個與小農合作的臉書粉絲頁上瀏覽，尋找新靈感。有次在上下游市集的臉書上看到「佳暮英雄家鄉種紅藜」的故事。紅藜這名字再次出現，把沉在腦海的記憶一下給拉了上來，因此，決定試做紅藜麵包。

再查一下紅藜的資料，才知聯合國糧農組織訂二〇一三年為「國際藜麥年」。藜麥是中南美洲國家原住民傳承千年栽種的農作物，經聯合國糧農組織的推動，藜麥的價格不斷翻升，嘉惠中南美洲原住民族。

相同的，紅藜也是台灣原住民族種植百年以上的傳統作物。早年做為釀小米酒的酒麴原料，因為顏色鮮麗，在傳統婚禮和慶典，也拿來做為裝飾物。這樣美好的農作物，因為穀粒小、加工麻煩，在經濟規模因素下逐漸消失。但隨著國際藜麥價格上漲，南部不少原住民部落受風災、水災影響，急待重建，在熱心人士推動下，原住民部落開始種植紅藜，希望找回他們的根。

價格不斐的紅藜該如何入餡呢

我的個性有些優點也是缺點，就是衝動和「海派」，想了就做。連忙上網去查哪裡買紅藜，找到了「可樂穀」，價格都沒問，就跟訂一般穀物一樣，一口氣訂個30公斤，對方一看一次買30公斤，大概少有這樣的顧客，也很「阿沙力」的打折優惠。

結果，一看到報價單，嚇一跳，一公斤要1000元。我們是小本經營，一次就付兩、三萬元的單一食材費用，有點高，何況，都還沒試做，要是做不出我們想要的成果，豈非……。眼見如此，只好減量，但也不好意思減太多，以免殺了自己的銳氣（呵呵呵），最後還是買了15公斤。

貨到了，打開一看，一時也不知如何下手。查看資料，觀摩別人的做法，好像難有讓人驚豔的展現。拿了半公斤用電鍋煮，煮熟後整鍋糊糊的，也沒有明顯且濃郁的香味，這下又難倒我了。因為紅藜這樣的特性，能加入麵包的方法大概只有生鮮入餡，再利用窯溫與麵團一起蒸烤至熟。

圖片提供　張源銘

由於紅藜風味淡雅，不添加其他食材，顯得單薄。但要加入其他食材輔佐，又怕搶了它的風采，忘了它的存在。一時苦思無解，只好先擱置，靜待靈光一閃的時機。

蜂蜜與紅藜的絕佳搭配

有時，有些事就是靠機運。天天看著買來的「貴參參」紅藜，卻一時想不出怎麼配，就像牙縫塞著一小塊肉一樣。不造成生活的影響，但舌頭總不自主地會去捲一下。

有一天，大學同學邀我去她家中與同學們小聚。眼見她家裡擺了一排的蜂蜜，那是她娘家自家生產的。看到好東西，總會忍不住就敗下去，離開時，隨手買了一桶，想說，三不五時泡蜂蜜水來喝也不錯。

車子開著開著，突然想到，蜂蜜和紅藜都是來自南台灣的農產品，何不就讓它們在一起。想了想，嗯，兩者的風味應不衝突，趕忙提著蜂蜜回到舞麥窯。備好所有食材，就讓蜂蜜和紅藜搭配，把紅藜用水洗過一次後直接加進麵粉裡使用，蜂蜜則加到水裡。

由於紅藜本身的風味很清淡，而且它也是雜糧的一種，為了減少干擾它風味的因素，我特地調降一貫配方裡的雜糧比例。從烘焙百分比的20％降到5％，紅藜加至烘焙百分比的15％；另外，蜂蜜則加到烘焙百分比的30％。雜糧加上紅藜本身的比例，整顆麵包的雜糧還是維持烘焙百分比的20％。

就是這個改變，蜂蜜紅藜麵包出爐的結果，讓我覺得很滿意，用帶殼紅藜做出來的麵包更有著可愛的粉紅色外觀，保有淡淡的紅藜風味，還有蜂蜜的甘甜。這可是南台灣農業的結晶，希望更多人利用紅藜做料理，把蜂蜜加到甜點或麵包裡，幫助更多的農人，友善我們的環境。

食材處理DIY

紅藜

作法／

一　紅藜放入容器中以水洗淨。

二　以細篩網濾掉水分及雜質，備用。

1

2

2

圖片提供　張源銘

紅藜蜂蜜麵包

以原住民傳統作物「紅藜」與蜂蜜結合，烘焙出爐的麵包有股特殊的紅藜香氣與淡淡的蜂蜜香。

材料

雜糧粉 160g、高筋麵粉 650g、水 400g、自養酵母 162g、海鹽 12g
黑糖 41g、初榨橄欖油 24g、紅藜 180g、蜂蜜 190g

作法

1 材料全部倒入鋼盆裡以手攪拌均勻為麵團。

2 桌面先撒少許麵粉，防止麵團沾黏

3 麵團放於桌面，以手持續搓揉，揉約 30 分鐘，至表面產生光滑。

4 放進鋼盆裡，覆上保鮮膜，放入冰箱低溫發酵。

5 低溫發酵至少需經過 8 小時（可延長到 12 小時）發酵，再取出放於室溫下約 3 小時（夏天溫度高，可縮短，冬天要較長時間），讓麵團回溫並加速發酵。

6 待麵團明顯膨脹為發酵前的 0.5 ～ 1 倍大，即可從鋼盆取出放在桌上，以刮板分割麵團，每顆重量約 300g。

7 整圓後靜置約 10 分鐘，整形成圓形，放到發酵布上放置涼爽處發酵約 1 小時。

8 麵團表面用小刀劃出紋路。

9 進烤爐前約半小時先開啟電爐開關，以上火 200℃／下火 180℃預熱；待麵團再發酵約 0.5 倍大，即進爐烘焙約 25 ～ 30 分鐘。

10 取出烤好的麵包用手指輕敲底部，發出叩叩聲就表示已烤熟，或插入溫度計，超過 95℃即可出爐。

圖片提供　張源銘

紫米

穀物中的黑寶石

富含維生素、礦物質、鐵質及黑色素的紫米，營養價值非常高，以紫米作為食材不僅適合坐月子的產婦滋補，對於貧血者也是很好的補血來源。

米香麥香兼具的美味

多年前，有次送麵包到「天母農學園」，順便逛了一下，尋找可以做為麵包食材的農產品。看到架上展售的紫米，眼睛為之一亮，覺得紫得發黑的米真是高雅又貴氣，於是就買了一包帶回舞麥窯。

自此，每天總是躍躍欲試，想把米飯香加到麵包裡。再加上紫米有著美麗的紫色陪襯，直覺製作出來的麵包，一定色澤漂亮又帶有米香及麥香。

既然是米，習慣性想到煮成熟飯再加到麵團裡。一開始連操作方法都想好了，因為飯是軟的，加到麵團裡跟著拌打，一定會被打糊；想說模仿名廚炒飯的方法，先把飯冷凍，每顆飯粒都會變硬，加進麵團裡攪打，飯粒就會整顆分散在麵團中，好似紫星點點。這方法試做了幾次，但拌打的過程中溫度會升高，米飯還是會糊，因此效果沒有想像中好，令我一度想罷手不做。

幸好，我有台電動石磨機，號稱可以研磨各式穀物，甚至可以研磨咖啡豆、黃豆等豆類，於是決定先把紫米磨成紫米粉，當成雜糧粉一般加到麵粉裡，與水和酵母打成麵團。會做麵包的人都知道，既然是粉類，加入麵粉裡打成麵團，當然沒問題；但重點在加入麵團中的比例，加太多會導致整體筋度降低，麵團進爐後就沒發酵力，可能烤出一顆「石頭」；加太少，又無法突顯紫米粉的風味和特色。

散發米香的麵包，色香味俱全

一開始，先從較恰當的比例30％開始試做；將麵粉的用量減少30％，而減少的30％就改為紫米粉。例如，原先要用一公斤的高

圖片提供　張源銘

筋麵粉，就改為700公克的高筋麵粉，配上300公克的紫米粉製作麵包；試做的結果，麵包的風味和顏色都不錯，但為了增加紫米的比例，不要讓品嘗時感覺「只吃麥，不吃米」，因此直接把比例提高到50%，也就是紫米粉與麵粉各一半。

由於麵粉用量的比例不同，導致同重量的麵包體顯得縮水些，但整顆麵包呈現高雅的紫色，咀嚼時散發著米飯香。雖然整體的發酵力差了些，但這樣的犧牲是值得的，因為自養酵母麵包本來就比較扎實，喜歡自養酵母的朋友應該能接受發酵力稍差一點，但風味和顏色絕佳的紫米麵包。

受掌控的紫米顏色

雖然身為農家子弟，不過，從接觸紫米後才知道「種子很重要」這回事。大家或許

會質疑，「廢話！種子當然重要，沒種子就沒得種了呀」。這我當然知道，只是小時侯在南投中寮鄉下，跟著（應該是看著，因為看得多，動得少）祖父及父母育秧、犁田、插秧、「搜草」、拔稗草、割稻、疊草垺、曬穀。但是秧田裡密密麻麻的稻種是怎麼留的，真的完全不知。

使用紫米當食材後，三不五時要買紫米，才發現有時紫米的顏色較淡。請教了248創辦人——楊儒門，才了解，原來育種也受某些相關企業的控管，種子公司才能生產出比較純的稻種。農民買了紫米種，收割後留下一些做為種子，播種育秧都看不出差異，到下期收割時才發現自己留種種的紫米，顏色變淡。追其原因，研判是台灣農田太密集，稻田畦畦相鄰，稻花盛開時，蜜蜂不會分辨紫米或一般稻米，於是

就在兩種稻之間穿梭，結果，導致稻種變雜了，顏色也就淡了。

話說，吃紫米，不只吸收營養、增強體力，也長了知識。

食材處理DIY

紫米粉

將紫米磨成紫米粉，加入麵團的作法有3種：

一　以電動石磨機將紫米磨成紫米粉。

二　利用家裡的高速果汁機，如"vitamax"調理機打碎。

三　先把紫米蒸熟，直接加進麵粉一起揉成麵團，但配方中的水要斟酌減少。

紫米地瓜麵包

素有「藥穀」之稱的紫米與被喻為平民美食的地瓜結合，自然高纖的食材，品嘗起來健康養生又美味。

材料

A 紫米 495g、高筋麵粉 495g、水 515g、自養酵母 198g、海鹽 15g
黑糖 50g、初榨橄欖油 30g

B 烤地瓜 300g

作法

1. 材料 A 倒入鋼盆裡以手攪拌均勻為麵團；桌面先撒少許麵粉，防止麵團沾黏。
2. 麵團放於桌面，以手持續搓揉，揉約 30 分鐘，直到麵團表面產生光滑。
3. 放進鋼盆裡，覆上保鮮膜，放入冰箱低溫發酵。
4. 低溫發酵至少需經過 8 小時（可延長到 12 小時）發酵，取出放於室溫下約 3 小時（夏天溫度高，可縮短，冬天要較長時間），讓麵團回溫並加速發酵。
5. 待麵團明顯膨脹為發酵前的 0.5 ～ 1 倍大，就可從鋼盆取出放在桌上，以刮板分割麵團，每顆重量約 300g。
6. 整圓後靜置約 10 分鐘，再整形成橄欖形。
7. 整形時，包入約 50g 烤地瓜，整形完成即放到發酵布上。
8. 以小刀在麵團表面劃出紋路，放置於涼爽處發酵約 1 小時。
9. 進烤爐前約半小時先開啟電爐開關，以上火 200℃／下火 180℃預熱；待麵團再發酵約 0.5 倍大，再進爐烘焙，約 25 ～ 30 分鐘。
10. 取出烤好的麵包用手指輕敲底部，發出叩叩聲就表示已烤熟，或插入溫度計，超過 95℃即可出爐。

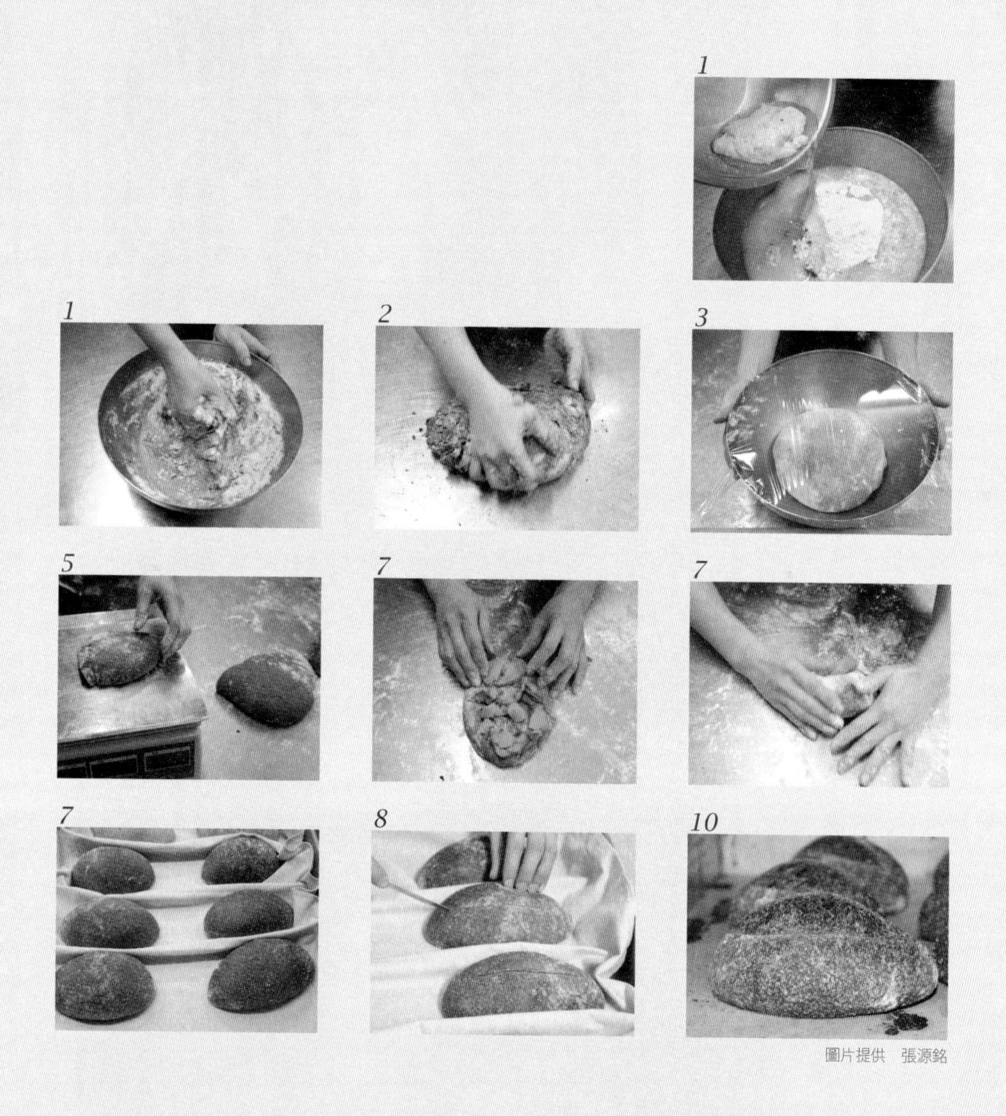

圖片提供　張源銘

在地水果好味道

將水果的好滋味以不同的方式融入麵團中，經過烘焙魔法，單純的麥香與水果的天然香氣融為一體，讓酸甜好味為麵包再添一筆美味色彩。

香蕉

釋迦牟尼佛的智慧之果

肉質Q軟、香甜可口的香蕉含有豐富的鉀離子及膳食纖維中的果膠，對於心血管疾病的預防及腸道蠕動有極佳的幫助。

採收香蕉的童年往事

介紹台灣本土食材，絞盡腦汁寫了約二十篇，腸枯思竭之餘，驀然回首，才想到最熟悉的香蕉，竟被我遺落了。

提到香蕉，我算是在香蕉樹下長大的孩子。有一次看到壽豐農場在網路上張貼芭蕉採收相片，用圖說明收割的過程。讓我回想起青少年時期，家裡的農地種了大片的香蕉樹。那時的香蕉樹因品種緣故，都長得很高大，每棵都有三公尺高。香蕉串每次要包紙袋防止被曬傷或小鳥築巢時，我媽都要架梯爬上樹，那瘦小身軀危危顫顫爬上爬下的影像，現在想起，如在眼前。

收割香蕉時，伸手根本搆不著香蕉串，要讓香蕉串安全落地收割，需要練就一手功夫。先是拿像小鐮刀的香蕉刀，在香蕉樹幹約一公尺半高度靠彎曲的一側劃直線（香蕉是草本植物，很容易就劃出深的割痕），結構受損的樹幹撐不住香蕉串的重量，就會往被劃割痕的一側慢慢彎下；彎下的速度跟割痕的多寡及深度有相對關係，一看到香蕉串開始下墜時，就要眼明手快，先把刀插在香蕉樹上，兩手順著下墜的弧度抓住香蕉串尾端可握住的部分，最後順著墜落的運動曲線往上提，香蕉串就會頭下尾上安全著地。

台灣香蕉王國的起落

許多人不知道，現在最平常不過的香蕉，曾有過風光的時期。老一輩的人都知道，在民國五〇年代，香蕉因為外銷日本，賺進大筆外匯，尤其中部的香蕉是「山蕉仔」，因為是種在山坡地上，土地排水性佳，日夜溫差大，口感Q且香，最受日本人歡迎。那時的蕉農可是有錢人的代表，在貧苦的農村裡不可一世。

記得家父與鄰居閒聊時總會提起往日時光，談起以前老一輩的男人去南投市的酒家喝花酒，那裡的小姐看到汗衫上有香蕉汁液痕跡（香蕉的樹幹和果串會流出乳白色汁液，沾到衣服洗不掉，最後會變深褐色的痕跡），馬上奉為上賓。後來隨著有人以台灣的技術，偷渡蕉苗到菲律賓等南洋地區種植，使得香蕉的價格急轉直下，讓蕉農深刻體會「菜金菜土」的現實。

記得我國中時，幫忙挑香蕉到2公里外的「哮貓」村落（位於南投縣中寮鄉福盛村西部）香蕉集貨市場販售，價格好的時候，100公斤1600元，我媽就樂得不得了，因為有錢可以還小孩的註冊費；價格差的時候，100公斤才180元，忙了一天，賣不到幾百元，付了肥料、農藥等成本，根本是倒貼，連工錢都賠掉了。

香蕉樹下的回憶

既然是在香蕉樹下長大，就有許多與香蕉有關的回憶；最深刻的是，它是天然黏著劑的最佳原料。以前為了捕蟬，就會去收集被割棄的小香蕉跟香蕉「花」，擠出它的乳液，再混上從泥土牆細細刮下的泥土粉，攪拌均勻呈麵團狀，再用水洗，最後就是一團「黏T」。把「黏T」放在長竹竿的尾端，就可以去黏蟬了。「黏T」久了會硬，可以用火烤一下，恢復它的黏度。但烤太久，會融化滴落，我右手腕上一個小圓疤，就是被融化的火烤「黏T」滴到，留下難以磨滅的記憶。

言歸正傳，家裡種香蕉，當然常常有香蕉可吃。不過，賣相好的都拿去賣，我們只能吃被鳥築巢，鳥爪抓傷、雙生的、三生的，還有就是不小心被「在欉紅」的（即自然成熟）。我還吃過尚未熟成、青皮加水煮熟的香蕉。

香蕉真的是奇特的植物，一般水果都是在欉紅最好吃。但香蕉經過催熟，風味卻更香。不過，香蕉跟許多蔬果一樣，量產期價格低迷，甚至沒人要收購，所幸還可以曬成香蕉乾。日曬的香蕉乾，真的好吃，畫家朋友「王傑」覺得香蕉乾和椰棗乾類似，夠甜且香，可以夾著核桃吃，是絕佳的小零食。

尋找香蕉入餡的最佳拍檔

香蕉乾甜又香，符合做麵包餡的條件。所以，在思考把香蕉入餡時，一開始就是利用烤箱製做香蕉乾，再與核桃一起混到麵團裡。不過，這樣的組合，並沒有預料中的絕妙。後來想到，許多人做香蕉蛋糕，都是拿熟透的香蕉直接拌到麵團裡，香蕉蛋糕出爐時，濃郁的蕉香味，讓愛吃香蕉的人難以抗拒。因此，我就如法炮製，拿熟透的香蕉果肉直接拌到麵團裡，果然能呈現濃郁的蕉香。

只是在替香蕉尋找配料時，一直找不到合適的對象。此時，內人靈光一閃，提議配上大紅棗。買了大紅棗乾，切小片去核後，加到香蕉麵包裡，為香蕉紅棗麵包，成了許多愛吃香蕉者的最愛。

既然只是把熟透的香蕉拌入麵團，就不需要特別的技巧。因為香蕉是軟的，手揉也可以揉進麵團裡，只是數量不能加太多，以免影響最後的發效力。大約一顆３００公克的麵團，加半根香蕉就可以了。

香蕉的春夏秋冬

另外，香蕉的風味也分季節性，一般來說，冬天和春天結實的香蕉比較香，夏、秋兩季因為中南部雨量多，溫度高，結實的香蕉生長速度快，果香就會淡些。而且，冬天的香蕉，放到蕉皮有著密布的黑斑點時，裡面還不會過熟；

夏天時，蕉皮只要稍有黑斑點，裡面大概就已熟透。所以，夏天保存香蕉要小心，萬一買了香蕉卻沒空做，只要是熟透的，就直接剝皮，果肉放進保鮮盒，放冰箱冷凍，要用時，退冰再拌入麵團就可以了。

食材處理DIY

香蕉與紅棗

作法／

一　香蕉去皮，取果肉即可；如需久放，將去皮的香蕉放入保鮮盒中，放冰箱冷凍保存。

二　大紅棗乾切片去核，備用。

香蕉紅棗麵包

香氣逼人的熟黃香蕉與紅棗乾的絕妙搭配，麥香中有股淡雅的蕉香，而隱藏在其中的一片片紅棗乾，甜而不膩，有畫龍點睛的效果。

材料

A 雜糧粉 170g、高筋麵粉 710g、水 330g、海鹽 13g、黑糖 43g
自養酵母 180g、初榨橄欖油 26g、熟黃有斑點的香蕉 330g

B 紅棗 90g

作法

1. 材料 A 全部倒入鋼盆中以手攪拌均勻為麵團。
2. 桌面先撒些許麵粉，防止沾黏。
3. 麵團放於桌上持續搓揉，揉約 30 分鐘，待麵團表面產生光滑。
4. 放進鋼盆裡，覆上保鮮膜，放入冰箱低溫發酵。
5. 低溫發酵至少需經過 8 小時（可延長到 12 小時）發酵，取出麵團放於室溫下約 3 小時（夏天溫度高，可縮短，冬天要較長時間），使其回溫並加速發酵。
6. 發酵後的麵團會膨脹約 0.5 ～ 1 倍，以刮板分割稱重，每顆重量約 300g。
7. 靜置約 10 分鐘，麵團包入紅棗 15g，整形為橄欖形。
8. 放於發酵布上，放置涼爽處發酵約 1 小時。
9. 麵團表面用小刀劃出紋路。
10. 進爐前約半小時，先開啟電爐開關以上火 200℃／下火 180℃預熱。
11. 待麵團只要再發酵約 0.5 倍大，就可以進爐烘焙約 25 ～ 30 分鐘。
12. 烤好的麵包用手指輕敲底部，有叩叩聲即表示熟了，或插入溫度計，超過 95℃就可出爐。

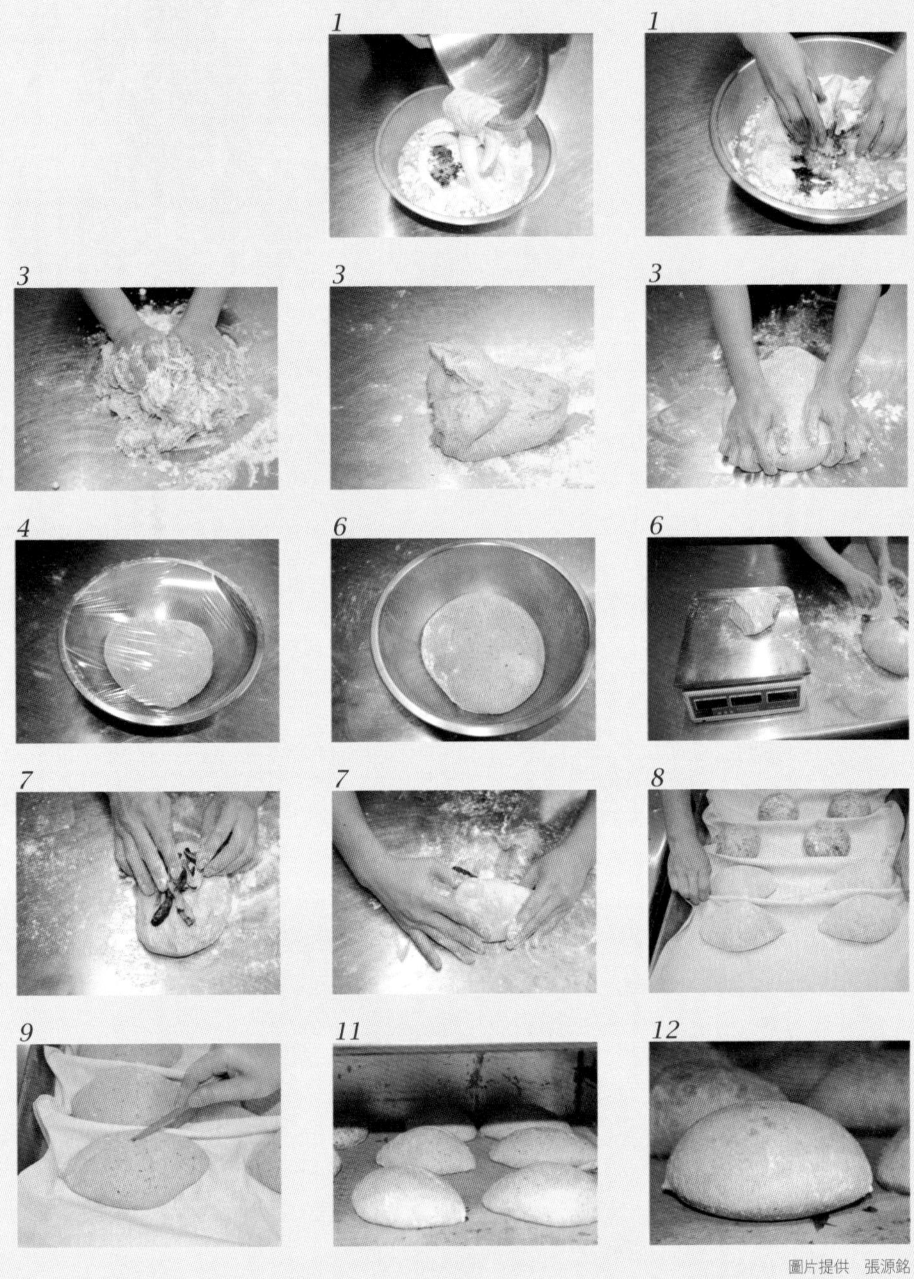

圖片提供　張源銘

鳳梨

有助人體消化的好幫手

富含蛋白酶、維生素C及膳食纖維的鳳梨，是改善腹瀉及消化不良的最佳水果之一，在炎炎夏日有助改善食欲不振的困擾。

令我打從心裡佩服的鳳梨伯

鳳梨是台灣本土的水果，從小就看著堂伯在山上的坡地種鳳梨，鳳梨對我而言，是最特殊的水果，特殊到旁人難以相信，因為鳳梨是我了解望梅止渴這個成語的最佳詮釋。

這是真的。我只要看到有人在切鳳梨，連味道都不必聞到，體內自然就會突然起一陣雞皮疙瘩似的一道電流閃過，接著毛細孔就會冒汗；聞到鳳梨的酸味，汗冒得更多，原因為何？至今不解。

由於鳳梨有著濃郁的酵素，早就知道鳳梨不能直接拿來加進麵包。不過，愛實驗的我，還是不死心，有次真把切好的鳳梨丁連汁加進麵團拌打，希望做出鳳梨風味的麵包。結果，隔天一看，麵團不但沒有長高，還像是一灘泥。這著著實實讓我見識到鳳梨酵素的威力，因此打消做鳳梨麵包的念頭。

不過，偶爾返鄉的我，有次開車經過百姓公廟前，看到庄裡的「阿錦伯」就在路邊擺售一旁農地栽種的鳳梨。那片鳳梨田雜草茂盛，他賣的鳳梨個頭很小，有的只有拳頭大。不過，我媽說，不少台中的都市人特地來買，銷路不錯。因為算是有機栽種，差別只在於他沒花錢按照步驟去認證，不敢說有機。其實，許多小農不敢標有機，實在是耕作面積小，收獲少，沒空做記錄，最重要是認證的成本對他們來說，太高了！

看到鄰居為農地付出的真心，加上老媽述說他老人家對妻子及失去生活自理能力數十年兒子的付出，更是讓我感動。我也下車挑了一些，是喜歡他的鳳梨，也算是對這樣一位不被人生接連挫折打敗的無名英雄致敬。

麵團與水果酵素的拉鋸戰

買了一堆鳳梨，嘗了，真的好吃。這下又點燃我拿鳳梨做麵包的念頭。既然知道鳳梨酵素的厲害，那就要設法避開。依慣例，麵包加餡料的方法，一是融進麵團，把餡料與所有材料一起放進攪拌缸，從一開始就跟著所有食材攪拌；二是拌進麵團，等麵團攪拌出筋度，要起缸前，再加入麵團拌勻；三是事後再包進麵團，也就是第一次發酵完成，分割整圓後，整形時包進麵團裡，再送進發酵箱，靜候第二次發酵。

對付強力水果酵素，還有一個好方法，那就是加溫，也就是「殺青」，只要溫度超過攝氏約70度，酵素就失去作用。如果不想殺青，也可以利用封鎖法，例如用低溫烤乾，等到整形時再加入麵團裡，就能避免酵素從果乾滲到麵團，影響發酵。鳳梨入餡，我就想到這個方法。

幸好，先前買了一台烘水果機，調整溫度，長時間低溫烘乾，烘出我想要的乾燥程度（沒想到這種不太乾的鳳梨乾，反而成為它的特色，不少朋友是衝著會Q的鳳梨乾而買餡料中有鳳梨乾的堅果麵包，雖然他們也愛吃堅果）。

烤好鳳梨乾，最實際的問題來了，要如何設計這款鳳梨麵包的特色，總不能拿著麵團就包著鳳梨乾，叫賣起鳳梨麵包，這樣太過於單調。

想著，想著，看到先前製做的堅果麵包，總覺得堅果給人有點乾的感覺，就像我們吃堅果時，常覺得有那麼一點乾柴。如果能讓嘴裡的唾液分泌多一些，那感覺就對了。就這樣，我把鳳梨乾包進堅果麵包裡，讓大家品嘗堅果時，吃到一點酸甜的鳳梨乾，不必像我一樣會流汗，至少會多流一點口水，吃起來更順。

另外一種口味，是麵團攪拌後先加入一些南瓜籽和葵瓜籽，第一次發酵後，整形時再包進鳳梨乾和無花果丁，做出來的鳳梨無花果麵包，有著堅果香味和無花果及鳳梨的酸甜味道，也是許多人的最愛。

製作果乾的最佳選擇——土鳳梨或金鑽鳳梨

雖然，市面上早有鳳梨乾販售，但我總愛用自己烤的鳳梨乾，主要是，自己烤的最好用，也最順口。因為市售的鳳梨乾，一種是加糖熬煮後再烤乾，一種是直接烤乾；前者因為加了糖，就覺得風味不對；後者為了能長期保存販售，水分幾乎烤乾了，覺得太硬，只有自己烤的，軟硬適中。

記得有個朋友很愛買「能量堅果麵包和鳳梨無花果麵包」，他說，他是特地買回去給他媽媽吃，因為他媽媽最愛吃這兩種麵包裡的鳳梨乾。除了有鳳梨味，口感是Q的，跟一般鳳梨乾不一樣，只有我們烤的鳳梨乾才有這樣的口感。這是因為製做時並非一次烤了大量長期存放，而是小批的烤，保留那含有水分的口感。

製做鳳梨乾的鳳梨最好是選土鳳梨或金鑽鳳梨，也就是顏色較黃的，橫切片後烤出來，鳳梨乾就像太陽花一樣美麗；像牛奶鳳梨顏色雪白，烤出來，顏色較不討喜；至於甜度和酸度，不必太計較，因為只加少量入餡，不是滿口吃，有點酸，反而增加風味。

如果不便自製鳳梨乾，買現成的也可以。「直接跟農夫買、２４８市集和上下游市集」等幫忙小農販售產品的市集都有販售不加糖烘烤的鳳梨乾，加入麵團前可以先泡水後立即濾掉水分，讓鳳梨乾稍微吸點水，較柔軟好操作。

食材處理 DIY

鳳梨乾

作法／

一 鳳梨洗淨後去皮，切薄片。

二 放進果乾機烘成鳳梨乾，約烘七、八分乾。

如買現成鳳梨乾，需買不加糖烘烤的鳳梨乾，先泡水後立即濾掉水分，再放入麵團中。

圖片提供 張源銘

鳳梨無花果麵包

自製烘烤的果乾是最健康的美味，鳳梨乾與無花果乾，果肉Q軟帶有酸甜的好滋味，一個麵包中蘊藏著兩種水果賦予的營養，品嘗一口，真是令人感到驚喜又滿足。

材料

A 雜糧粉 185g、高筋麵粉 750g、水 620g、自養酵母 190g
海鹽 14g、黑糖 47g、初榨橄欖油 28g

B 鳳梨乾 90g、無花果乾 210g、南瓜子少許

作法

1. 材料 A 全部倒入鋼盆中以手攪拌均勻為麵團。
2. 桌面先撒些許麵粉，防止沾黏。
3. 麵團放於桌上持續搓揉，揉約 30 分鐘，待麵團表面產生光滑。
4. 放進鋼盆裡，覆上保鮮膜，放入冰箱低溫發酵。
5. 低溫發酵至少需經過 8 小時（可延長到 12 小時）發酵，取出麵團放於室溫下約 3 小時（夏天溫度高，可縮短，冬天要較長時間），使其回溫並加速發酵。
6. 發酵後的麵團會膨脹約 0.5 ～ 1 倍，以刮板分割稱重，每顆重量約 300g。
7. 麵團整圓後靜置約 10 分鐘，包入鳳梨乾 15g、無花果乾 35g 及少許南瓜子，整形為魚雷形。
8. 放於發酵布上，放置涼爽處發酵約 1 小時。
9. 麵團表面用小刀劃出紋路。
10. 進爐前約半小時，先開啟烤爐開關以上火 200℃／下火 180℃預熱。
11. 待麵團只要再發酵約 0.5 倍大，就可以進爐烘焙約 25 ～ 30 分鐘。
12. 烤好的麵包用手指輕敲底部，有叩叩聲即表示熟了，或插入溫度計，超過 95℃就可出爐。

圖片提供　張源銘

蘋果

香甜清脆的水果公主

果肉香甜的蘋果，富含膳食纖維是維護腸道的好幫手，一天一蘋果不僅讓醫生遠離你，還使身體永保健康。

四〇、五〇年代的珍貴水果

曾是四、五年級生記憶中最珍貴水果之一的「蘋果」，隨著地球村形成，早已不是高不可攀的水果，而是大街小巷、超市、攤販皆在販售的「家常」水果。

只有探病才會買蘋果，或生病才有機會吃蘋果的故事早是四、五年級生，甚至更高齡者前些年會說的小故事，現在早已沒人要聽了。

我是五年級生，吃蘋果並非因為生病，更不要說是去探病。在我的家鄉，生病要是有肉吃，比蘋果更有效。生活清苦人家，對蘋果完全沒有任何想像，大概也不知道；生病吃蘋果應是都市人的生活景象。至於探病，那更是都市人或是讀書人才有的「禮數」。農家人討生活都沒時間，哪還有空暇的時間生病讓人家探，或是去探望生病的親友。在衛生觀念尚不普及的年代，有時還不敢去探病。擔心自己吃得不夠營養，天天操勞生活，萬一被感染，家中頓失支柱，或是帶病原返家，那還得了。

我第一次吃到蘋果，應該是家父帶回來的。那是他去台中梨山打零工，返家順便帶回來讓我們嘗鮮。那蘋果跟進口的不一樣，是脆的，但個頭比較小，沒啥香味。因此，我對那第一口，真的沒啥印象了。大概是從小在水果樹下長大，對於被視為珍品的蘋果，真的不如饅頭來得記憶深刻。

充滿人情味的梨山水蜜桃

但對於梨山水蜜桃，我倒是印象深刻。小時候我是較安靜、內向的小孩，忘了是幾歲，應該是小六到國一之間吧，家父在我放暑假時，趁著上工帶我去梨山的紀爺爺家住了幾天；那時沒門牌，就以距離中橫公路起點幾公里做為門牌；寄東西，只要寫台中縣梨山「83K」就會送達。

紀爺爺的房子就在中橫公路下方約十公尺，非常陡，是間鐵皮搭蓋的工寮般住家。屋旁的陡坡種了大片的水蜜桃樹，樹下種高麗菜。由於坡度實在陡峭，下方就是德基水庫蓄水區，對有懼高症的我而言，走在果園裡，真的步步驚心，也就不敢隨便逛。

那時正是水蜜桃成熟期，看到屋旁一棵桃樹結實頗多，而且鮮紅欲墜，慷慨的紀爺爺要我自己摘來吃。現在回想起，原來我記住的，應該是人情的味道，而非水蜜桃的鮮甜。因為那顆水蜜桃到底有多好吃，真的記不得，只記得汁多、很甜，但「梨山83K」卻一直在我記憶中鮮活地存在著。

對於梨山水蜜桃及人情的深刻記憶，讓我每每看到路邊有小貨車擺售蜜蘋果，並在紙板上大大寫著「梨山蜜蘋果」，都有所觸動。雖然那蘋果個頭小，但還是會想買來吃吃看。只是總因開車一瞬而過，想，總歸是想，一直沒有停下車去買。

經過諸多次的猶豫，最後總算買來品嘗。吃著吃著，「職業病」所致，就聯想到應該也可以把蘋果放進麵包裡。超商不是有賣「千年」不壞的蘋果麵包（雖然看不到麵包裡有蘋果，或有蘋果的香味）嗎？何不就試試看。

蘋果入餡 果乾最對味

西點裡總愛把蘋果拿來加糖熬煮，最後再加點白葡萄酒，好像就能做出風味層次豐富的蘋果餡；想以蘋果作為麵包食材，我當然是如法炮製，只是我不去皮、不加酒，而是去核、切丁，下鍋熬煮，加糖、加肉桂。試吃一下，真的又甜又有蘋果及肉桂香。但蜜過的蘋果丁已是軟爛近乎水果泥，大量製作以攪拌機攪拌，會完全融入麵團，不僅水分難以控制，麵團裡融入太多的糖，也會影響發酵。

這樣的作法適合在家裡做，將小量製作的麵團以手揉，最後把揉出筋度的麵團放在流理台或工作桌上壓平，再把蜜過的蘋果丁平鋪上面。以同樣的作法，對切、疊上，再對切、疊上，再對切，約五、六次就能使蘋果丁均勻地拌在麵團裡，而且不會過於碎爛融入麵團。

由於蜜過的蘋果丁會影響大量製作的流程，不易操作，所以得另想竅門。必須想出可以耐攪拌的形式，剛好我有一台果乾機，那就切丁，糖漬一夜，再放進果乾機裡烘成蘋果乾。

第一次完全烘乾的蘋果乾，放到麵團裡，經過

圖片提供 張源銘

一夜的發酵吸水，口感太硬，因此，調整乾燥程度，最後發現烘到七、八分乾，保有ＱＱ的口感，最受大家歡迎。

肉桂粉考驗做麵包的功力

基於外國的蘋果派常配肉桂的香味，所以餡料中肉桂不能少。但這樣的麵包，還是有點單調，剛好看到冷凍櫃裡有先前打折買進先凍存的藍莓，覺得兩者應該很配，於是我就讓它們「在一起」了。

蘋果乾和藍莓都直接拌進麵團，沒有問題，倒是那風味突出的肉桂粉，卻考驗我的功力。參考烘焙書籍的配方比例，把肉桂粉直接加進麵團，沒想到，竟影響自養酵母的發酵。查過一些資料，確認別人都可以直接加進麵粉裡攪拌，但我的自養酵母卻真的很怕肉桂的情形下，「窮則變，變則通」，不能拌入，那就外加，只好等分割、整形完，放在發酵布裡等待第二次發酵時，在麵團上噴水，撒上肉桂粉，解決了自養酵母不愛肉桂的問題。

食材處理DIY

蘋果乾

作法／

一　蘋果洗淨後切丁，以糖水醃漬一晚。

二　隔天放進果乾機烘成蘋果乾，約烘七、八分乾。

藍莓蘋果麵包

香甜清脆的蘋果，以果乾的方式入餡最對味，將所含的膳食纖維與果酸等營養素緊緊鎖住於果肉中，再加入肉桂粉及藍莓，讓香氣更添一籌。

材料

A 雜糧粉 160g、高筋麵粉 640g、水 510g、自養酵母 160g
海鹽 12g、黑糖 40g、初榨橄欖油 24g

B 蘋果乾 150g、藍莓 150g

C 肉桂粉少許

作法

1. 材料A全部倒入鋼盆，用手攪拌均勻為麵團。
2. 桌面撒上些許麵粉，放上麵團繼續搓揉，揉約 30 分鐘，待表面產生光滑。
3. 麵團放於桌面壓平，加入材料 B 鋪平。
4. 刮板從麵團中間切開，取一半疊到另一半上方，從中對切後再疊。
5. 切、疊的動作重複 5 次，就可以將材料 B 平均分布於麵團中。
6. 麵團整成圓形，表面盡量保持光滑，放進鋼盆，覆上保鮮膜，放入冰箱低溫發酵。
7. 低溫發酵至少需經過 8 小時（可延長到 12 小時）發酵，再取出麵團放於室溫下約 3 小時（夏天溫度高，可縮短，冬天要較長時間），使其回溫並加速發酵。
8. 待麵團膨脹約 0.5 ～ 1 倍大，即把麵團放在桌上，以橡皮刮板分割稱重，每顆重量約 300g。
9. 麵團整圓，靜置約 10 分鐘後整形為橄欖形。
10. 整形好的麵團放於發酵布上，放置涼爽處發酵約 1 小時。
11. 麵團表面撒上些許肉桂粉，以小刀劃出紋路。
12. 進爐前約半小時，先開啟電爐開關以上火 200℃／下火 180℃預熱。
13. 待麵團再發酵約 0.5 倍大，即可送進爐中烘烤，約 25 ～ 30 分鐘後取出。
14. 烤好的麵包用手指輕敲底部，有叩叩聲就表示熟了，或插入溫度計測溫，超過 95℃度就可出爐。

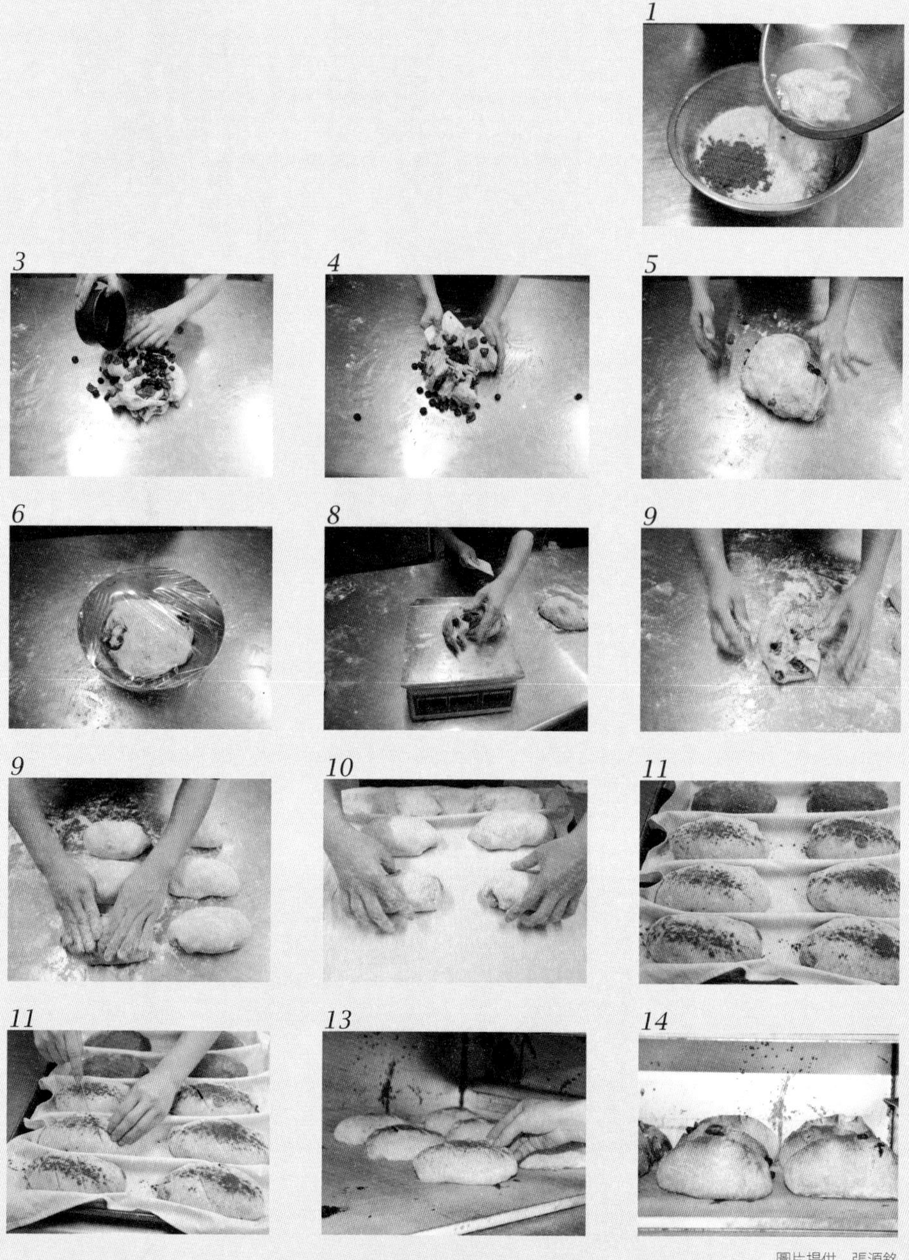

圖片提供　張源銘

桑椹

水果中的黑鑽石

深紅帶紫的桑椹，是春夏之際的產物，汁甜味美卻有著一股微酸的口感，生吃或製成果醬都非常受人喜愛；其含有豐富的鐵質及維生素C，是補血的好食材。

春夏季之分 桑椹盛產的季節

春天是熱鬧繽紛的季節，隨著氣溫升高，太陽愈來愈早起床，原本顏色黯淡的山頭，換了一套從深綠到淺綠的漸層外衣，連鳥兒都開始呱噪，天還沒亮，就在樹梢、林間開起「趴踢」。

當許多植物綻放花朵，等待著夏季或秋天，甚至冬季的結果，田野間或是路旁的桑樹卻早已結實累累。而且果實頓時從翠綠變成深紫色，成為高唱愛情圓舞曲的鳥兒們補充能量的最佳食物。

雖然出身農家，從小就在鄉野裡奔跑，記憶中，很少吃桑椹。或許是農家的飲食清淡，以中國人的養生觀念來說，吃得不夠油，營養不夠，就不該再吃寒性的水果；也或許，土地對農家來說異常珍貴，哪容得桑樹佔用土地長到遮蔭且果實累累。所以桑樹對我而言，真的只有小時候養蠶時需要採桑葉的印象，至於桑椹，只有極少機會摘到且吃到酸澀的野桑椹。

因工作因素，遷居基隆暖暖近二十年。發現暖暖淨水廠及水源地的苗圃產業道路兩旁都有高大的桑樹。每到春天，桑樹上總是成串的果實，看著黑紫色的桑椹，有時還是會童心大發，跟小鳥們搶食物，動手摘一些，清水洗過解解饞。

因緣際會下的桑椹麵包

動手學做麵包後，常思考可以用哪些食材做餡料，可都一直都沒想到桑椹。可能因為它不是我記憶中的味道，就被「隔離」在大腦外。

直到有次，一位常吃我們麵包的畫家好友投桃報李。也或許是要暗示我桑椹也是不錯的食材，送我兩罐他媽媽摘自自家庭院的桑樹、自己熬煮的桑椹醬給我。讓我覺得，試試桑椹麵包應該也不錯，除了桑椹的酸甜風味明顯，那深紫色的汁液更是顯眼。在商言商，就是賣相極佳啦。

既然想到了，要做就不難。就把蜜過的桑椹果實和汁液加進麵團就好。但，也真不是這麼簡單。首先，因桑椹果實軟爛，太早加進麵團攪打，就會打碎到完全融入麵團，雖然顏色看得到，但吃不到它的酸甜滋味；為了保持桑椹的完整味道，必須等到麵團打出筋度後，後再把桑椹加進去，慢速拌打。

圖片提供　張源銘

只是，這樣還是容易把桑椹打成泥。所以最好的方法就是麵團打好後，取出放在工作檯上壓平，將桑椹平鋪其上，用橡皮刮刀從麵團中間對切後疊起來，再對切、疊起，對切、疊起，直到桑椹平均混合在麵團裡。

另外，顏色美麗的桑椹汁加進麵團，會讓麵團有著淡淡的粉紅色，增加麵包的美感（雖然烘烤後，顏色會褪去大半，但至少製作時看著淡粉紅色的麵團，也覺得很美）。

蜜桑椹加入麵團的成功關鍵

可是，既是蜜桑椹，當然是加了許多的糖，糖雖然有助酵母發酵，但如水一般，能載舟，亦能覆舟；糖太多，搶走水分的力量超強大，連黴菌都怕它（所以糖漬可以防腐，也就是防發黴）何況酵母菌。因此，加桑椹汁液時就要特別注意。

我的方法是配方中去糖，把桑椹汁中的糖當成配方的糖。這樣一來，除了減糖降低甜度外，也能確保自養酵母菌群在發酵過程中還搶得到水喝，能健康且活潑的發酵。另外，汁液的重量不能超過總水量的兩成，也就是這次麵包要用到１００公克的水，那桑椹蜜汁就不能超過20公克，否則也可能因為糖分太高，影響發酵。

會有這樣的覺悟，是從錯誤中學習得來。我原本也是一開始就把大量桑椹汁倒進麵粉裡一起攪拌，打好麵團放進冷藏儲存發酵，也沒發覺異狀。第二天，取麵團要分割、整形時，就看到不對勁，因為體積和剛放進去時一模一樣，還有點硬梆梆的，當下就知道「沒發」。

看著用珍貴食材做的麵團沒「發」，想說丟掉也可惜，還是一一分割、整形，並進爐烘焙。成果可想而知，就是沒發的麵包，口感非常扎實。心想，這樣的麵包大概不會有人想吃。不過，念頭一轉，山東人最愛吃硬饅頭，就心虛的詢問原籍山東的畫家朋友。果然，這「沒發」的麵包真合他們的意，整批都送給他。據他的回報，他順路帶去與他爸爸分享，結果，全數被「沒收」，連分一杯羹的機會都沒有，因為山東老爸愛死了那扎實的口感呀！

自製天然糖蜜桑椹

話說半天，不少人會問，桑椹處處都有，但市面上好像很少有人賣新鮮的桑椹。的確是！可能因保鮮及運送不易，損耗過大，因此少有人販售鮮採的桑椹。

如果有親朋好友能採得新鮮桑椹就可以自己加糖蜜煮，因為是自用，不是長期室溫存放，糖的比例可以降低些，比較健康。比例是糖為桑椹的一半重，也就是假設桑椹有一公斤，那糖就用５００公克，先把桑椹下鍋以小火熬煮，待煮出湯汁後再加糖。記得加糖後要輕輕攪拌，煮滾之後，再多煮約20分鐘，濃縮湯汁，等涼了再裝罐冰存。

由於市面難得買到新鮮的桑椹果實，也可購買有機店或小農自製的蜜桑椹，使用時，要注意汁、果分離，還有汁液比例不要太高。

食材處理DIY

糖蜜桑椹

作法／

一　桑椹放入鍋中以小火熬煮，待熬煮出湯汁後再加入糖，糖放約桑椹一半的量。

二　輕輕攪拌鍋子，煮滾之後，再多煮約20分鐘，使湯汁濃縮，再熄火。

三　煮好的桑椹湯汁放涼後裝罐冰存。

桑椹葡萄乾麵包

甜美汁液中帶有一股微酸感的桑椹，與多汁鮮嫩的葡萄是最佳拍檔，深紅帶紫的果皮，將麵包暈染上一層淡雅的紫色外衣。

材料

A　雜糧粉 165g、高筋麵粉 655g、水（加些許桑椹汁）540g
自養酵母 165g、海鹽 12g、初榨橄欖油 25g

B　桑椹 180g、葡萄乾 90g

作法

1　材料A全部倒入鋼盆，用手攪拌均勻為麵團。

2　桌面撒上些許麵粉，放上麵團繼續搓揉，揉約 30 分鐘，待表面產生光滑。

3　麵團放於桌面壓平，加入材料 B 鋪平。

4　刮板從麵團中間切開，取一半疊到另一半上方，從中對切後再疊。

5　切、疊的動作重複 5 次，就可以將材料 B 平均分布於麵團中。

6　麵團整成圓形，表面盡量保持光滑，放進鋼盆，覆上保鮮膜，放入冰箱低溫發酵。

7　低溫發酵至少需經過 8 小時（可延長到 12 小時）發酵，取出麵團放於室溫下約 3 小時（夏天溫度高，可縮短，冬天要較長時間），使其回溫並加速發酵。

8　待麵團膨脹約 0.5 ～ 1 倍大，即把麵團放在桌上，以刮板分割稱重，每顆重量約 300g。

9　麵團整圓，靜置約 10 分鐘後整形為橄欖形。

10　整形好的麵團放於發酵布上，放置涼爽處發酵約 1 小時。

11　以小刀在麵團表面劃出紋路。

12　進爐前約半小時，先開啟烤爐開關以上火 200℃／下火 180℃預熱。

13　待麵團再發酵約 0.5 倍大，即可送進爐中烘烤，約 25 ～ 30 分鐘後取出。

14　烤好的麵包用手指輕敲底部，有叩叩聲就表示熟了，或插入溫度計測溫，超過 95℃度就可出爐。

圖片提供　張源銘

梨子

百果之宗

富含維生素B、C及膳食纖維的梨子不僅水分含量高，也可以促進腸道代謝，增強體內環保。自古以來，梨子即是食用與藥用的天然補帖。

注重養生的飲食觀念

吃東西，除了每天提供熱量，維持人體的基本生存，對於食物，我們還有更多想像。尤其是中國人，向以食補著名，天上飛的，地上走的，水裡游的，只要能捉住某些形，甚至意，就能想像出某種的食補。例如，核桃因為形狀像人的大腦，就有吃核桃補腦的傳說。

不過，這些說法，不見得全然是穿鑿附會。不少是難以取得科學論證，但有些經科學驗證，卻也有幾分道理。就像現代營養學，鼓勵年長者每天吃些核桃類的堅果；至於像吃豬肚或牛肚就會補胃的說法，大概是人類和牛豬的胃不同吧，難以取得科學論證，只有靠想像。但，有時人的意志也有助身體健康，天天想著要那個器官健康，或多或少，也有一點精神意志的影響效用。

華人吃東西注重養生，喜歡當令食物，對於食物的寒、熱屬性有時很在意。一般熟知的，荔枝雖是吃當季，但也不能吃太多，因為吃過多會導致流鼻血；我祖父生前重養生，就交代絲瓜過了白露就不要吃了，會導致身體太寒；他甚至忌諱到，稀飯不能用隔夜飯煮，說是會使身體產生寒氣。

有時，我不會去否定老人家的想法。畢竟，他們活的年代和我們不同，生活條件更是大不相同。在那樣的生活條件中，能吃飽已是萬幸，能吃到的營養食物真的有限。在不同條件下，再加上每個人的體質不同，相信吃下同樣的食物，也會產生不同的反應及結果。

廿十四節氣對於華人生活的重要性

華人的節氣還真是一個了不起的四季循環參考，甚至連節日都是生活的重要參考之一，小小的路邊攤，都可能參考節氣在經營。有段時間，瘋狂試吃基隆的紅豆餅（車輪餅），開車看到紅豆餅攤就會「聞香下馬」，買幾個試試。

後來發現，夏天時節，幾乎找不到紅豆餅攤。若是店面經營的倒是一年四季都有。但小本經營的流動攤販，像是夏天的冰，一下子就消失無蹤。有次跟小販打聽才得知，原來，他們做生意是看季節的，端午過後到中秋前，大多收攤休息，另謀生計，等到中秋一到，天氣轉涼，再出來擺攤賺錢。

同樣與中秋和端午節慶有關，還有薑母鴨。基隆七堵區曾有一家非常知名且熱門的薑母鴨店，每年開門營業的時段為中秋節後到隔年的端午節前，其他的時間一直是鐵門深鎖。可見，中秋是夏秋交替的重要參考節日，這日子跟廿四節氣的白露差不多，白露也是華人生活的重要參考日子。不論是我祖父或家母，都常提，「過了白露才能進補」。

小時候，務農的家境不佳，平時「沒」茶淡飯，油都吃不夠，那還能喝粗茶，飯菜也是淡得可以。家母近年常提起，也是我小時候記憶很深的一道湯「空心菜湯」，作法就是豬油和蒜頭爆香，加水煮滾後，再把數量不足以炒成一盤菜的空心菜丟入，悶煮一下就可起鍋。這一大鍋湯的特色，其實就是湊一鍋湯，空心菜屬寒，所以，就用豬油爆香，喝多了，才不會太寒。

說到秋，每逢初秋，或許是大陸的髒空氣開始往台灣吹，會導致有些人乾咳。看到網路上不少網友建議吃「冰糖梨子」，這名稱常聽到，可以想像就是冰糖煮粗梨。上網查一下，果然沒錯，就是粗梨，豐水梨、蜜梨之類的梨子。不要去皮，只去核，加冰糖去蒸，吃了有清肺、止熱之效。剛好有社企推薦的好農人「申威果園」正要推梨子，於是就先去買幾個來試試。

橘皮香、梨肉甜的雙重好味

先前沒用梨子做麵包餡，主要是梨子風味真的很淡。除非仿效西方作法，加威士忌或其他的酒類燉煮增加風味，否則，難以表現。但，至今，我還在莫名的堅持麵包裡不加酒，所以，梨子就被我停留在觀察階段。

既然有冰糖梨子的概念，動手做最實際。買來的梨子，切開後去核切丁，放入電鍋。秤約梨子一半重的冰糖鋪在上面，蓋上鍋蓋，外鍋加7分滿杯的水，按下開關，就讓電鍋幫忙蒸煮。蒸好的冰糖梨子，果肉已軟化，含有許多湯汁，可以用濾網分開，果肉留著包餡，湯汁可以酌量當水用。

由於太軟的梨子果肉，大量包入麵團時會影響作業，為了方便，且濃縮果肉的香味，我會再用果乾機以攝氏60度烘烤約14小時，成為冰糖梨子乾。一般家庭如果沒有果乾機，可以以濕的果肉直接加入麵團。作法就是壓平麵團，冰糖梨肉平均鋪上，從中切半、疊上，再切半、疊上，重覆四、五次，即可將冰糖梨肉平均鋪於麵團裡。

只有冰糖梨肉，對我來說，會覺得太單調，一定要找個相配的餡料搭配；既然清肺止咳，我立馬想到糖漬橘皮，而冷藏庫裡正巧也有年初煮好的幾罐糖漬橘皮，經過時間的釀化，風味更濃純。試做時，就舀幾匙，一起揉進麵團，讓麵包體有著橘皮香，吃到冰糖梨肉，有甜滋滋的梨香，對於嗜甜一族，應該是難以抵抗的秋季美味麵包。

如果家裡沒有糖漬橘皮，買一般的橘皮乾，用水泡軟，直接揉進麵團，一樣能添加橘香風味。

食材處理DIY

冰糖蜜梨

作法／

一　梨子3顆泡水洗淨，去除表層可能殘留的農藥。

二　不削皮，去核、切丁，約1200公克，放入電鍋內鍋中。

三　梨子丁上層鋪上冰糖600公克（糖量可隨個人喜好增減），放入電鍋。

四　電鍋外鍋加約7分滿杯的水，按下開關蒸煮，完成為冰糖蜜梨。

五　以細篩網將冰糖蜜梨的果肉與湯汁分開，備用。

製作冰糖蜜梨乾：將冰糖蜜梨去除湯汁後的果肉輕鋪到果乾機的網狀層板上，放入果乾機，以60度約烘14小時，即完成。

2

4

3

4

5

圖片提供　張源銘

橘香冰梨麵包

清脆多汁的梨子經過糖煮的工法，與微甜帶有酸澀感的糖漬橘皮一起入餡，麵包中散發出橘皮香，一口咬下又嘗到軟嫩的冰糖蜜梨果肉，真是令人難以抗拒！

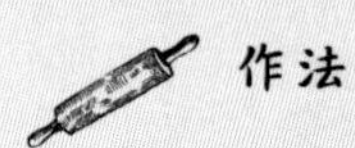

材料

A 高筋麵粉 600g、雜糧粉 150g、自養酵母 150g、初榨橄欖油 37g
鹽 11g、水 495g（可加入少量的冰糖梨水，不要超過總量的 20%）
糖漬橘皮 30g（若用橘皮，需用水先泡軟）

B 冰糖蜜梨 360g

作法

1. 材料A全部倒入鋼盆，用手攪拌均勻為麵團。
2. 桌面撒上些許麵粉，放上麵團繼續搓揉，揉約30分鐘，待表面產生光滑。
3. 麵團放於桌面壓平，加入材料 B 再將麵團鋪平。
4. 刮板從麵團中間切開，取一半疊到另一半上方，從中對切後再疊。
5. 切、疊的動作重複 5 次，就可以將材料 B 平均分布於麵團中。
6. 麵團整成圓形，表面盡量保持光滑，放進鋼盆，覆上保鮮膜，放入冰箱低溫發酵。
7. 低溫發酵至少需經過 8 小時（可延長到 12 小時）發酵，再取出麵團放於室溫下約 3 小時（夏天溫度高，可縮短，冬天要較長時間），使其回溫並加速發酵。
8. 待麵團膨脹約 0.5 ～ 1 倍大，即把麵團放在桌上，以橡皮刮板分割稱重，每顆重量約 300g。
9. 麵團整圓，靜置約 10 分鐘後整形為橄欖形。
10. 整形好的麵團放於發酵布上，放置涼爽處發酵約 1 小時。
11. 以小刀在麵團表面劃出紋路。
12. 進爐前約半小時，先開啟烤爐開關以上火 200℃／下火 180℃預熱。
13. 待麵團只要再發酵約 0.5 倍大，即可送進爐中烘烤，約 25 ～ 30 分鐘後取出。
14. 烤好的麵包用手指輕敲底部，有叩叩聲就表示熟了，或插入溫度計測溫，超過 95℃度就可出爐。

圖片提供　張源銘

葡萄

從裡到外都是寶

果皮含有大量多酚類物質，籽具有豐富原花青素，吃葡萄不吐葡萄皮、葡萄籽，才可以把營養全部吃下肚。

小小一顆 極具營養價值

葡萄，是大家再熟悉不過的水果。不論是國產黑得發亮、多汁的巨峰葡萄，或是美國進口粉紅色無籽葡萄，都是常見的水果。葡萄乾更是許多人的小零食，且是烘焙類使用量名列前茅的果乾類。

就是這麼家常，我從做饅頭轉而踏進做麵包的烘焙世界時，當時最先用的就是葡萄乾。因為家裡的冰箱就有存貨，基於經濟（不必增加庫存）及方便因素，順手就把葡萄乾加到麵團裡，試試自己做的自養酵母葡萄乾麵包風味如何。

添加葡萄乾還有一個好處，我猜這是它被廣泛運用到烘焙食品的原因，那就是不搶味，還能增加甜味；這樣如君子般的風味，使得添加葡萄乾的食物成為接受度頗高的產品。例如我媽，吃慣了我做的麵包後，指定的就是「核桃葡萄麵包」，問她為什麼？她也說不出，就愛葡萄乾的味道。就這樣，這款麵包成為舞麥窯最元老的品項之一，銷量平平穩穩，不會突然的熱賣，也不會乏人問津。

許多事在一成不變的堆疊後，突然會有個突破的衝動！有次跟王姓老友兩家人到南投信義鄉遊玩，順路就買了信義鄉所產的葡萄回家吃。

早年吃葡萄會吐葡萄皮，當然還有籽，後來吃了美國的無籽葡萄，常常連皮一起吃。會這樣吃，除了懶，當然跟營養、健康有關。因為葡萄皮含有更豐富多元的營養，所以營養師都鼓勵連皮吃，只是要先洗乾淨。沒想到，現在連葡萄籽都成保健食品了！

克服水分比例的葡萄吐司

吃著甜蜜多汁的葡萄，想著新鮮的葡萄如果能整顆加進麵團做成麵包，還蠻符合舞麥窯麵包的風格。

圖片提供 張源銘

我的個性，常常是一想到，就做。因為常會過了就忘了，就永遠不會做。原本打算，就將整顆葡萄拌進麵粉裡打，但問題是，巨峰葡萄是以汁多聞名。但汁多，必然影響麵團的水分，水太多，麵團打不起來，縱然打起來，烤的時候麵團也容易塌。

再者，葡萄皮不是那麼容易就能打成泥，它有一定的韌度，最後如果沒打碎，整片吃到嘴裡，會有澀味；而葡萄籽一定打不碎，那鐵定影響口感。雖然不少廣告鼓勵消費者吃葡萄籽，但麵包裡夾著一顆顆要費勁咬的籽，大多數人都難以接受。

這3個問題，最簡單的解決方法，就是用超強果汁機攪打葡萄。以馬力最強的果汁轉到最高速，新鮮葡萄立刻變成葡萄汁。再把新鮮葡萄汁當成水，直接與麵粉攪拌成麵團。過程中，最困難的就是水分比例的拿捏，因為葡萄汁不全是液體，含有高比例的固形物，因此，葡萄汁的用量就要提高到麵粉重的80%以上。

一開始做出的全葡萄吐司，葡萄真的是連籽一起打，但後來覺得葡萄籽打得再細，在口感柔軟的麵包裡，還是讓人覺得有異物感。無奈少了一樣健康元素之餘，還是去籽吧！

清淡、樸實的香味就是經典

說實在的，葡萄除了鮮甜之外，沒有突出誘人的味道。初期做好的全葡萄吐司，真的沒寄望它能賣多好。雖然，我們自己品嘗，能吃到它淡淡的葡萄味，也喜歡這般的淡雅風味，但跟市面上一般的麵包，甚至我們的桂圓麵包相較，香味真的淡很多。

試做期間，送了一些給一位畫家朋友嘗鮮，沒想到，他的評語竟是「經典！」因為風味清淡卻醇厚。這句評語還真具有市場指標，我們擔心有點淡的風味，卻成為它的特色，一推出還熱銷。後來，為了讓它的營養更多元，色彩更明顯，選擇了同色系，看起來高貴，價格也真的昂貴的藍莓當伴侶，一起放進果汁機裡打成汁。再加入麵粉中打成麵團，做成全葡萄吐司。

全葡萄吐司的風格其實就是舞麥窯的風格，清淡、樸實，沒有香精濃烈的香氣，有的是回甘的真實水果香，就像柑橘麵包、百香果麵包和南瓜吐司。

許多食物的真實風味就在你我的用心體會，只要讓味覺與嗅覺稍為沉澱一下，就能聞到、吃到食物天然、真實的香味。

食材處理 DIY

葡萄汁

作法／

一 葡萄洗淨後，不去皮，剖半去籽（也可不去籽）。

二 放入強力果汁機中，攪打成果汁，不用濾掉果渣。

1

1

2

2

圖片提供 張源銘

如想要使葡萄汁更營養，可以加入一些新鮮或冷凍的藍莓一起攪打成汁。

葡萄吐司

清淡、樸實的香味就是經典，以百分之百葡萄汁液所烘焙而成的吐司，有著最天然、回甘的水果香氣，值得細細品嘗與回味。

材料

雜糧粉 200g、高筋麵粉 830g、全葡萄汁 790g、自養酵母 210g
海鹽 15g 、黑糖 50g、初榨橄欖油 30g

作法

1 材料全部倒入鋼盆裡以手攪拌均勻為麵團。

2 桌面先撒少許麵粉，防止麵團沾黏

3 麵團放於桌面，以手持續搓揉，揉約 30 分鐘，直到麵團表面產生光滑。

4 滾圓使麵團成圓形，表面盡量保持光滑，放進鋼盆裡，覆上保鮮膜，放入冰箱低溫發酵。

5 低溫發酵至少需經過 8 小時（可延長到 12 小時）發酵，取出放於室溫下約 3 小時（夏天溫度高，可縮短，冬天要較長時間），讓麵團回溫並加速發酵。

6 待麵團明顯膨脹為發酵前的 0.5 ～ 1 倍大，就可從鋼盆取出放在桌上，以刮板分割麵團，每顆重量約 700g。

7 整圓後靜置約 10 分鐘，放到吐司盒中發酵約 1 ～ 2 小時。

8 進烤爐前約半小時先開啟開關，以上火 200℃／下火 180℃預熱；待麵團發酵至約吐司盒的 9 成高，再進爐烘焙約 60 分鐘。

9 取出烤好的麵包用手指輕敲底部，發出叩叩聲就表示已烤熟，或插入溫度計，超過 95℃即可出爐。

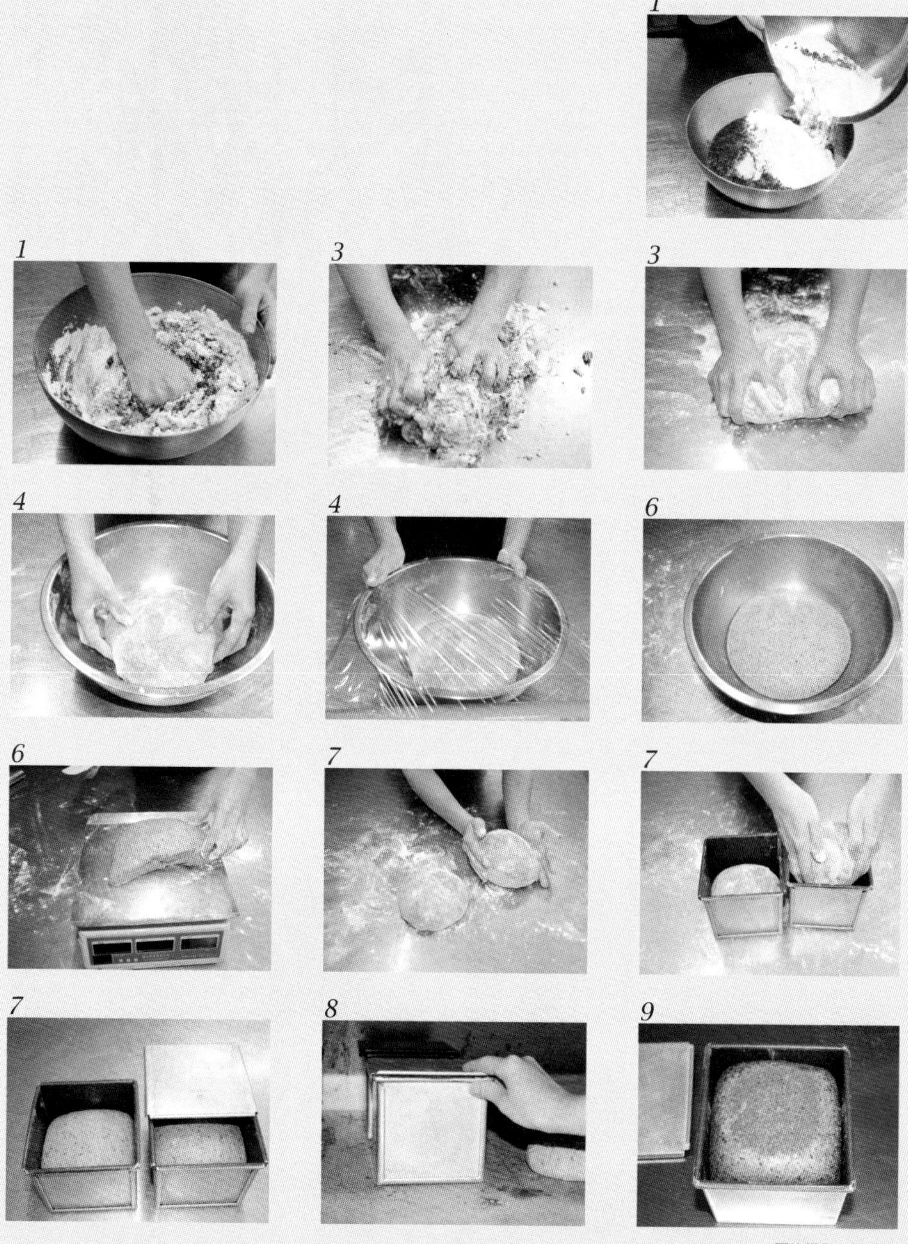

圖片提供　張源銘

甘蔗汁

水果中的含鐵王

甘蔗所富含的鐵質居水果之首，素有「補血果」的稱號，可說是女性補血的首選之一；因其豐富的含糖量及水分，讓甘蔗汁成為一年四季皆為有益人體的飲品。

平民的美味

台灣處處有攤販，有的固定成集，如各地的廟口小吃；有的因市場規模及產品季節等因素，只能四處打游擊。這些攤販「游擊隊」雖沒固定店面，但有的因頗有信譽，且已是固定時間出現在固定地點，他們也藉著自製的平民美味，贏得顧客的信任。

甘蔗汁因為市場不是那麼大，小區域的需求無法滿足他們天天營業所需，算是比較特殊的攤販，好像到處都看得到，想買時，卻又找不著。

印象中，賣甘蔗汁真的難以成為專賣店，頂多是在商家騎樓有固定攤位。雖然一般認為甘蔗汁能退火，只有在想降火氣時才會想買。但是，看到賣甘蔗汁的攤販，想到甜滋滋的幸福味，縱然肝火不旺，也會以火氣大當藉口，買個兩瓶回家喝，讓自己浸潤在甘蔗的香甜中。

以甘蔗汁替代水的麵包

尋找麵包餡料靈感時，想到的總是固態食物，很少想到液態的食材。因為水分多寡影響麵包的發酵力、操作及口感甚巨，能盡量不動配方中水的份量，最好就不要動。否則只要差一丁點，就會導致麵團過乾或過濕，給自己找麻煩。

有天傍晚，看到街上賣甘蔗汁的攤位，日光燈下，生意看似冷清。突然想到，甘蔗汁有著特別的風味，也有許多營養，何不就把它直接當水，這樣也不影響麵包配方的水分比例；只是不知，甜滋滋的甘蔗汁會不會讓自養酵母們「樂不思蜀」，忘了工作。

說、想，不如做！當下在路邊停車，買了5瓶甘蔗汁回家，開始試做甘蔗汁麵包。幸運的是，這個配方一試就成；直接把甘蔗汁當水，操作時一樣順手，發酵力因為天然的糖分比例也適合自養酵母。結果，試做的甘蔗汁吐司，不僅發酵好，還有濃濃的甘蔗風味，令我很滿意。

利用甘蔗汁做麵包或吐司最是簡單，配方幾乎不必改，直接買榨好的甘蔗汁，將配方去掉糖，水的部分改以甘蔗汁替代。以烘焙百分比計算，麵粉佔100%、水65%、初榨橄欖油5%、鹽1.5%、自養酵母25%；如果要增加風味，可自行添加少量的南瓜子或核桃等堅果。（有買我上本書《舞麥！麵包師的12堂課》的朋友，看書照著做，就做出滿意的蔗香麵包。）

此外，更加驚豔的是，當打開吐司模蓋時，濃郁的蔗香味撲鼻而來；吐司中雖然看不到甘蔗汁，但不必多說，吃的人，因為濃濃的蔗香，就知道這是甘蔗汁吐司，也因此，就命名為「蔗香吐司」。

用心經營 贏得死忠客戶

買甘蔗汁做為食材，除了有新口味麵包可以推薦給顧客，從攤販身上，也體會到一些人生道理。這位賣甘蔗及甘蔗汁的朋友，敬業的態度真的值得做為我工作的借鏡，因為敬業會贏得信任，商機因此更加擴展。

有次，當庫存的甘蔗汁已用完，我急著補貨，但距離他固定來擺攤的日子還要幾天，為了補貨，心想，路邊到處都有販售甘蔗汁的攤販，於是就開車出門去找。結果，看到的攤子不是衛生不佳，甘蔗外表沒用清水洗過，沾著泥土就進機器榨；就是品質不佳，全是利用剩下難賣的頭尾部位榨汁販售，跟先前那位賣甘蔗汁的小販相比，真的令我難以接受。

最後，我先跟客人致歉，還是等到這位朋友來麵包窯附近擺攤那天才去買，順便留下聯絡電話。此後，我們順理成章成為他的老客戶，只要一缺貨，就打電話請他榨好送來。他處理甘蔗的細心態度，贏得我們的信任。雖然訂購的甘蔗汁不多，但至少是固定的量，相信對他而言不無小補，這是他認真工作贏得的營業額。我們也應該隨時惕勵自己，學習甘蔗汁小販的認真態度，期待受到更多人的信任與喜愛。

蔗香吐司

以甘蔗汁替代麵團中的水分，將蔗香與麥香完全合而為一，出爐的瞬間，打開吐司模蓋，濃郁的香氣撲鼻而來，真是令人驚喜萬分。

材料

A 雜糧粉 180g、高筋麵粉 740g、冰甘蔗汁 650g、自養酵母 185g
海鹽 14g、初榨橄欖油 28g

B 葵瓜子 30g

作法

1. 材料 A 全部倒入鋼盆中以手攪拌均勻為麵團。
2. 桌面先撒些許麵粉，防止沾黏。
3. 麵團放於桌上持續搓揉，揉約 30 分鐘後，加入材料 B，以刮刀用切、疊的方式，將葵瓜子完全包覆於麵團裡。
4. 麵團揉至表面產生光滑，放進鋼盆，覆上保鮮膜，放入冰箱低溫發酵。
5. 低溫發酵至少需經過 8 小時（可延長到 12 小時）發酵，取出麵團放於室溫下約 3 小時（夏天溫度高，可縮短，冬天要較長時間），使其回溫並加速發酵。
6. 發酵後的麵團會膨脹約 0.5 ～ 1 倍就可從鋼盆取出放在桌上，以刮板分割麵團，每顆重量約 700g。
7. 整圓後靜置約 10 分鐘，再放到吐司盒發酵約 1 ～ 2 小時。
8. 進烤爐前約半小時先開啟烤爐開關，以上火 200℃／下火 180℃預熱。
9. 待麵團發酵至約吐司盒的 9 成高，蓋上模蓋，再進爐烘焙約 60 分鐘。
10. 取出烤好的麵包用手指輕敲底部，發出叩叩聲就表示已烤熟，或插入溫度計，超過 95℃即可出爐。

圖片提供　張源銘

芭樂

蔬果中的綠色珍珠

芭樂又稱為「番石榴」，所含的營養成分為果中之冠，不僅可以有效降低血脂，也為最佳的天然美白聖品及瘦身水果。

童年的回憶 芭樂隨處可見

芭樂是近年流行的水果之一，市場裡擺在攤上的芭樂，幾乎個個鮮甜，偶爾買到不甜稍澀的，還會覺得難以入口。想當年，芭樂是鄉野間可隨處採摘的水果，那時只要稍有甜味，不要太澀，都樂得啃完整顆。

芭樂是最能適應環境的水果，大概是因它的種籽不易消化，果肉卻好吃，常隨著鳥類四處播種。所以，鄉間經常都能看到它的蹤影。只是早年沒有現代的品種改良，只有土芭樂，綠的時候很脆，可以練牙齒；成熟黃了就很軟，有著濃郁的芭樂香味。

記得小時候，連河岸邊只長雜草的石礫地，都有不少芭樂樹。只是那些樹長出的芭樂個頭小，口感硬，入口只有澀，甜度就不用說了，幾乎是沒有。有時去溪邊玩耍或捉魚、路過，偶會忍不住摘一兩顆試咬。常常是咬了一口，就把它當小石頭丟出去。縱然一直嘗不到好吃的芭樂，但物資缺乏的年代，嘗試的精神是更堅決的。就這樣，每看到就試一試。結果呢，百分之九十九是一樣的。但我們總會寄望那一次就是好吃的呀。

芭樂生長最多的的地方應該是「墓仔埔」。「墓仔埔」本是小孩們最怕去的地方，但人多膽就大。有陣子，村裡小孩流行到墓仔埔玩耍，一群人去那兒玩角色扮演。看多了連續劇的宮廷戲碼，就把墳墓的墓碑和碑前小祭台想像成龍椅，墓前小廣場就像是朝廷一樣。一人扮演皇帝，其他的演眾臣，有時還分成兩派，雙方指揮人馬互相攻打。

那個年代的小孩可沒水壺帶，玩到渴了，還真沒水喝，公墓區的芭樂就成了最佳解渴水果。

記得那裡整片都是野生芭樂，不像現在，因為年年清明節前都會放火燒一遍，墓地周遭的野生芭樂早已消失無蹤，只剩會割人的芒草，和會刺人的雜草。

家中的芭樂樹「甕仔芭」

由於野生芭樂難得有好吃的，為了吃到好芭樂，我爸曾買兩棵品種改良的芭樂樹回來種植。這是自家有田地的好處，找個不易耕種的角落栽種，就不愁沒芭樂吃，也不必再去墓仔埔摘採。

到現在我都還記得那兩棵樹叫「甕仔芭」。在當時，已是不得了的改良品種了。我猜，應該是以形狀命名吧，因為形狀呈長形，靠近蒂頭的那一端還像頸子一樣的凹陷，想像一下，還真有點像甕或瓠瓜。

窮苦鄉間的小孩，沒啥零食可吃，三餐雖準時，也沒啥菜色。肚子餓了，或是嘴巴饞了，我或我哥就會去巡那兩棵樹。那時巡芭樂樹可認真的呢，還爬上樹，仔細尋找有沒有哪顆芭樂已經「白霧」了，也就是轉白可以吃了。但好像從來沒看過熟透，更別說是軟黃的芭樂。「青吃都不夠，哪得曬乾呀」，早在青脆階段就進了五臟廟。

香味濃郁的紅心芭樂雀屏中選

既是熟悉的食材，當然會想拿來做麵包，但念頭總是一閃而過，未曾停留，主因在於芭樂是硬的，汁液帶點澀味，總覺得不易克服這樣的問題，而且風味也難突顯。不過，有次路過基隆的海洋廣場，看見有人挑著一擔紅心芭樂沿路兜售，從我身旁經過時，那特有濃郁的香味，讓我覺得應該設法使這香味留在麵包裡。

心動不如馬上行動，不然念頭又會一閃而過。但難題是要先找到固定貨源。挑著水果到處兜售的攤販畢竟不易掌控，還好在基隆的信二路找到賣紅心芭樂的魏小姐，家人在宜蘭員山栽種，她負責在基隆銷售。

濾篩法乾淨去除芭樂籽

在購買紅心芭樂之前就想到如果買到不夠熟的芭樂，難以融入及表現其風味。因此，只能用熟透的紅心芭樂。手拿著淡鵝黃色的紅心芭樂，空氣中瀰漫著它的香味。想到芭樂最惱人的應該是硬梆梆的籽，當下決定先切開去籽，結果，難以去得乾淨，不得不再用最費工的篩濾法。也就是直接把熟透軟黃的芭樂放在細篩網上，用手掌壓芭樂，將果肉濾出，籽全部留於網上，就不必擔心果肉暗藏籽，傷了消費者的牙床。或是用果汁機加水攪打，再用篩網過濾，留下汁液備用。

做好食材準備，接下來就是比例，要加多少果肉才能不影響發酵，又讓客人吃到芭樂的風味。經過多次試做，最後覺得果肉佔水的60%，也就是40%的水加60%的芭樂果肉最適宜（水分多寡在拌麵團時可再調整），有著淡雅的紅心芭樂味，配上不搶味的葡萄乾或胡桃，增加咀嚼的甜感，就成了紅心芭樂麵包。

或許有人想拿一般芭樂來做餡，由於紅心芭樂要熟透才能摘採，有著濃郁的香味才適合做餡。普通的芭樂，尤其是目前改良的品種，都是七、八分熟就採摘，主要品嘗它的脆感和甘甜，並非濃郁的香氣，這樣除了成品無法呈現芭樂的特色，硬脆的果肉除非打成汁，否則難以融入麵團，不宜做為麵包的食材。不過，若將芭樂切片烤成乾，也可作為餡料，但我還沒試過。

食材處理 DIY

紅心芭樂汁

作法／

一　紅心芭樂洗淨，以水果刀去蒂頭，剖半。

二　放入果汁機中加入66％的水攪打成汁，再倒入細篩網上。

三　以手掌及橡皮刮刀輕壓細篩網上紅心芭樂的汁液，將果肉與籽濾淨。

1

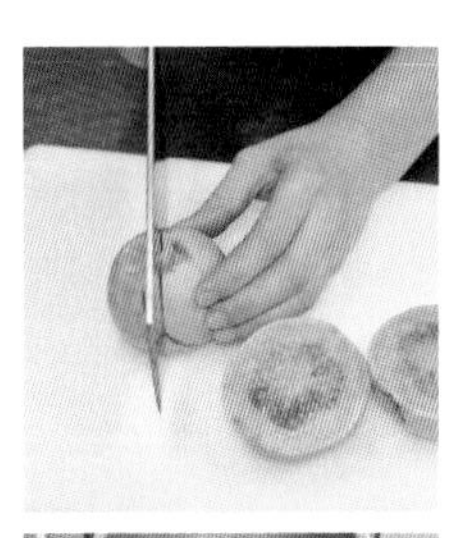

1

2

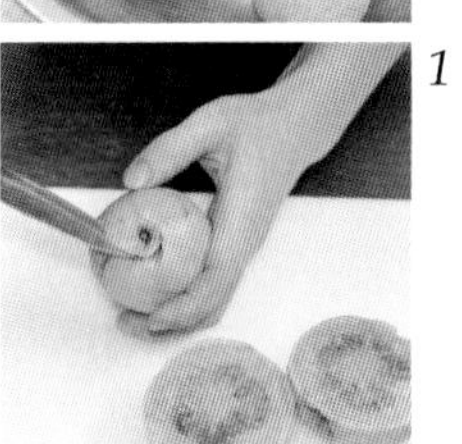

1

2

3

紅心芭樂麵包

將有特殊香氣的紅心芭樂攪打成汁後加入麵團中，配上烘焙食品的最佳配角胡桃或葡萄乾，增加咀嚼時的香甜口感。

材料

A 雜糧粉 170g、高筋麵粉 675g、紅心芭樂汁 540g、自養酵母 170g
天然海鹽 13g、黑糖 42g、初榨橄欖油 25g

B 胡桃 180g

作法

1. 材料 A 全部倒入鋼盆中以手攪拌均勻為麵團。
2. 桌面先撒些許麵粉，防止沾黏；麵團放於桌上持續搓揉，揉約 30 分鐘，待麵團表面產生光滑。
3. 胡桃包入麵團中，刮刀從麵團中間切開，拿起一半疊到另一半上方，從中對切再疊，將胡桃均勻分布於麵團中。
4. 麵團整圓，表面盡量保持光滑，放進鋼盆，覆上保鮮膜，放入冰箱低溫發酵。
5. 低溫發酵至少需經過 8 小時（可延長到 12 小時）發酵，再取出麵團放於室溫下約 3 小時（夏天溫度高，可縮短，冬天要較長時間），使其回溫並加速發酵。
6. 發酵後的麵團會膨脹約 0.5 ～ 1 倍，麵團靜置約 10 分鐘，以刮板分割稱重，每顆中量約 300g，整形為橄欖型。
7. 橄欖型麵團放於發酵布上，放置涼爽處發酵約 1 小時。
8. 麵團表面用小刀劃出紋路。
9. 進爐前約半小時，先開啟烤爐開關以上火 200℃／下火 180℃預熱。
10. 待麵團只要再發酵約 0.5 倍大，就可以進爐烘焙約 25 ～ 30 分鐘。
11. 烤好的麵包用手指輕敲底部，有叩叩聲即表示熟了，或插入溫度計，超過 95℃就可出爐。

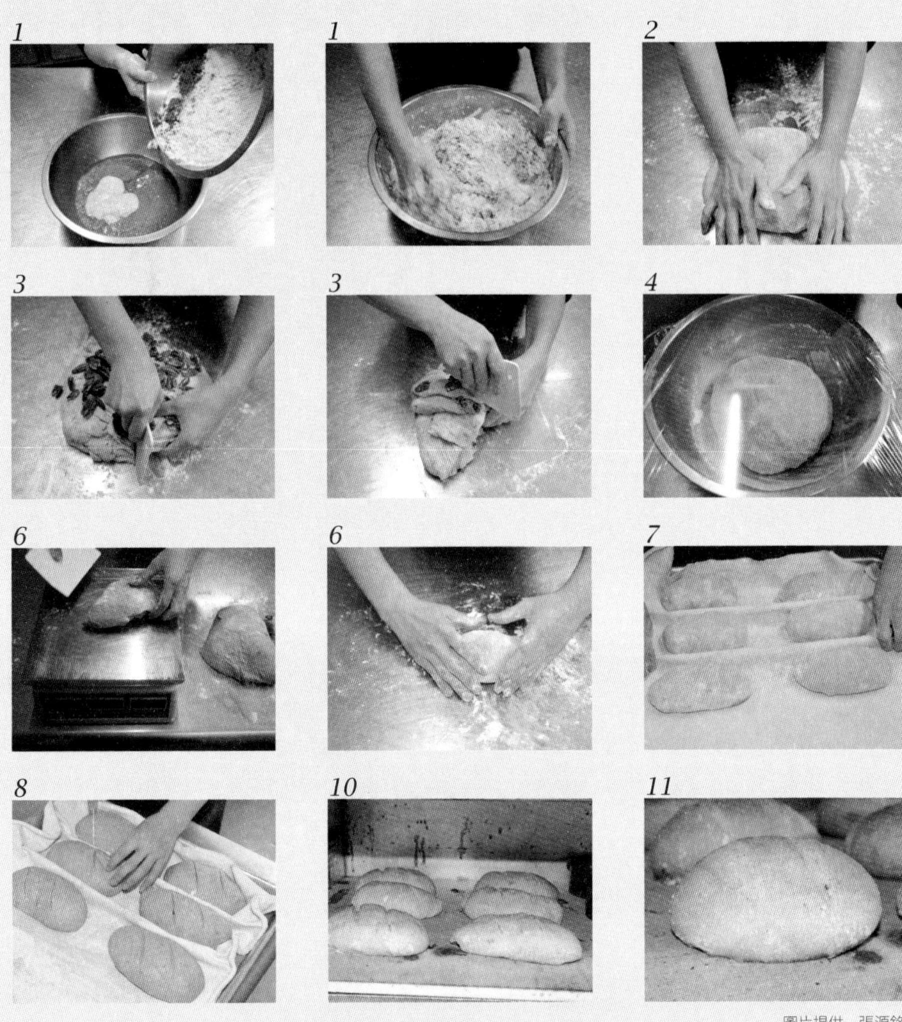

圖片提供　張源銘

百香果

清爽味甘的果汁之王

百香果又稱為「西番果」、「計時果」，不僅汁液多，香氣也非常濃烈，更含有豐富的維生素，對消化系統非常有益，是助消化的天然保健品。

媽媽的推薦 促成百香果麵包

小時候看到有錢人家或書香門第的庭院，常會搭個棚架，有的種葡萄，有的種百香果。看著藤蔓攀爬而上，滿院的綠意盎然，還有水果可摘食，很是羨慕。我家雖有田地種植果樹，但那是為了經濟需求，不是為了賞心悅目，更少了一分閒情逸致，從沒種過百香果，倒是父母早年曾從山上帶回野生熟落的百香果，真的香甜。

設立「舞麥窯」之初，幸運的有個小後院，也種了百香果，除了充滿綠意、爬滿棚的果樹，還吸引綠繡眼築巢繁衍後代。只可惜，可能因土地太肥沃，只長藤葉，不開花、

不結果，最後陽光全被遮蔽，更擔心引來蛇類（青竹絲）攀爬居住，忍痛割除。

不過，南投中寮馬鞍崙庄的老家，因為家人不再依賴土地維生，就可以隨便亂種，有棵老哥從台中移回南投，先前在他台中家裡庭院種植多年的百香果樹。農作經驗豐富的老媽每年都會割斷藤，讓它重生。大概因為氣候適宜，這棵百香果每年雖無茂密枝藤，反倒結實累累。

圖片提供 張源銘

珍惜資源的老媽，看到掉落地上的百香果，總會撿拾蒐集、切開挖出果漿集中汁液。最早聽說我岳父愛吃百香果，她就累積到一定的量，再帶上基隆，由內人轉帶到高雄。我哥從大陸返鄉後，迷上喝百香果汁，他會自己加糖熬煮存放，老聽他說香味多濃，我媽也強力推薦我可以試做百香果風味麵包。其實，她是想替兒子省成本，反正自家有的水果又不必花錢，希望我能試試，也能物盡其用。

慢工出細活的百香果汁

由於酸味水果會破壞自養酵母的發酵力，我一直興趣缺缺。但看著冷凍庫裡老媽努力蒐集且

直興趣缺缺。但看著冷凍庫裡老媽努力蒐集且挖出的百香果汁，想說，總得讓她老人家覺得她的努力沒白費，就設法試做百香果麵包。

為了解決存放和水果酵素問題，當然是先加糖煮；高溫會破壞水果中酵素，也就是「殺青」，糖則是為了保存。煮好後，試著與水直接加到麵團裡，成果不如理想，一則是糖太多，影響發酵；再者是百香果籽咬到時會有些許硬塊感，覺得好，但又不好。好是因為有籽咬起來比較有口感；不好是有些人不喜歡咬到硬物的感覺。最後，我決定去籽，因為擔心萬一有消費者不小心咬崩了牙齒，引發消費糾紛，那就麻煩了。

為避免讓消費者品嘗百香果麵包時，吃到過多的百香果籽，我試著以不鏽鋼網加上手搓揉，來濾掉籽；但加了糖的汁液，黏稠不易搓揉，最後只好先去糖，以冷凍方式保存。要使用時，百香果汁先加熱殺青，待涼後用果汁機稍微打碎籽，以利風味最濃的籽膜和籽脫離，再用細鋼篩網慢慢過濾，做成香濃且甜的百香果汁。

製作百香果汁的標準程序是切開百香果，用湯匙挖出果漿，集中在鍋中以小火高溫殺青，不必煮到沸騰。放涼後，倒入果汁機用快速短打，打碎籽，讓包覆在籽外層的漿膜碎裂，再用篩麵粉的不鏽鋼篩網以手輕壓輕磨，濾開汁液和籽，保留汁液使用。

天然果乾入餡

只加入百香果汁拌打麵團，烘焙出的麵包只有單純的果香和果酸，有點單調，需要加個陪襯。第一次試做，加入蜜漬蘋果。可能太貪心，連蜜漬蘋果的糖汁都加進去。結果，又導致同樣的錯誤，太甜了，酵母吃得太肥，動不了，成在，幫忙備料的員工——阿秋吃了直說好，還帶了一個回家。

一度懷疑殺青過的百香果汁的酸度，可能還會影響發酵。為了確認原因，拿麵粉加自養酵母，再加入百香果汁，以做酵母的方法拌勻揉圓。實驗結果證明，殺青過的百香果汁並不影響發酵；第二天，再加糖、鹽、油及些許麵粉和水，做成麵團；第三天清晨看到麵團發起來，送進爐烤，終於完成風味濃郁的百香果麵包。

只是百香果終究是果酸較高的水果，擔心品嘗時會過澀。因此，油和水的比例就稍微對調一些。油的比例提高3％，水的比例相對降低3％，好讓口感溫潤些。試過以蜜漬蘋果為麵包餡，但總覺得不是我想要的感覺，曾試過添加堅果類的胡桃，但味道不對。最後，因覺得百香果果酸濃烈，應該加點較甜但不搶味的果乾，剛好想到「甜死人」的椰棗或許較適合。加了椰棗的成品出爐後試吃，嚼著有些微果酸的麵包，偶爾咬到甜滋滋的椰棗，「嗯，這感覺就對了！」終於做出讓人可以在冬天憶起夏日風味（雖然產季在冬天）的百香果麵包。

烘焙的必勝關鍵

製作百香果麵包，訣竅除了把百香果做成純濃無籽的百香果汁比較費事外。重點是，汁液的用量是烘焙百分比裡水的一半，也就是麵粉100％，水約是60％（其中約30％是百香果汁，30％是水），至於椰棗取適量，約20％、糖約5％、油約8％、酵母20％，即可烘焙出果香滿溢的麵包。

食材處理DIY

百香果汁

作法／

一　百香果剖半，以湯匙挖出果漿。

二　果漿倒入鍋中以小火高溫殺青，不必煮到沸騰。

三　放涼後，倒入果汁機用快速短打，打碎百香果籽，讓包覆在籽外層的漿膜碎裂。

四　以不鏽鋼篩網及橡皮刮刀輕壓輕磨，濾開汁液和籽，保留汁液使用。

1

1

2

4

4

圖片提供　張源銘

百香果麵包

充滿百香果香味的麵團，內餡加入天然果乾——椰棗，微果酸的麵包裡混著甜滋滋的果乾，咀嚼起來香氣滿溢，甜而不膩。

材料

A 雜糧粉 165g、高筋麵粉 665g、水 224g、自養酵母 166g、黑糖 41g
天然海鹽 12g、橄欖油 25g、百香果汁 336g

B 椰棗 180g

作法

1. 材料 A 一起倒入鋼盆內，以手攪拌均勻為麵團。
2. 桌面先撒上少許麵粉，防止揉麵團時沾黏於桌面。
3. 麵團放於桌面，以手持續搓揉，揉約 30 分鐘，待麵團表面產生光滑狀。
4. 稍微壓平麵團，加入椰棗，刮板從麵團中間切開，拿起一半疊到另一半上方，從中對切後再疊；切、疊的動作重複 5 次。
5. 將散落於桌上的椰棗平均分布於麵團裡，整圓，盡量保持光滑。
6. 成圓的麵團放進鋼盆，覆上保鮮膜，放入冰箱低溫發酵。
7. 低溫發酵至少需經過 8 小時（可延長到 12 小時）發酵，取出放於室溫下約 3 小時（夏天溫度高，可縮短，冬天要較長時間）回溫並加速發酵。
8. 待麵團膨脹約 0.5 ～ 1 倍大，就可把麵團放於桌上，以刮板分割稱重，每顆重量約 270g。
9. 麵團整圓，靜置約 10 分鐘；放到發酵布上，放置於涼爽處發酵約 1 小時。
10. 入烤爐前，麵團表面以小刀劃出紋路。
11. 進烤爐前約半小時，先開啟電爐開關以上火 200℃／下火 180℃預熱。
12. 當麵團再發酵約 0.5 倍大，就可以送進烤爐烘焙約 25 ～ 30 分鐘。
13. 烤好的麵包用手指輕敲底部，有「叩叩」聲即表示熟了，或插入溫度計，超過 95℃就可出爐。

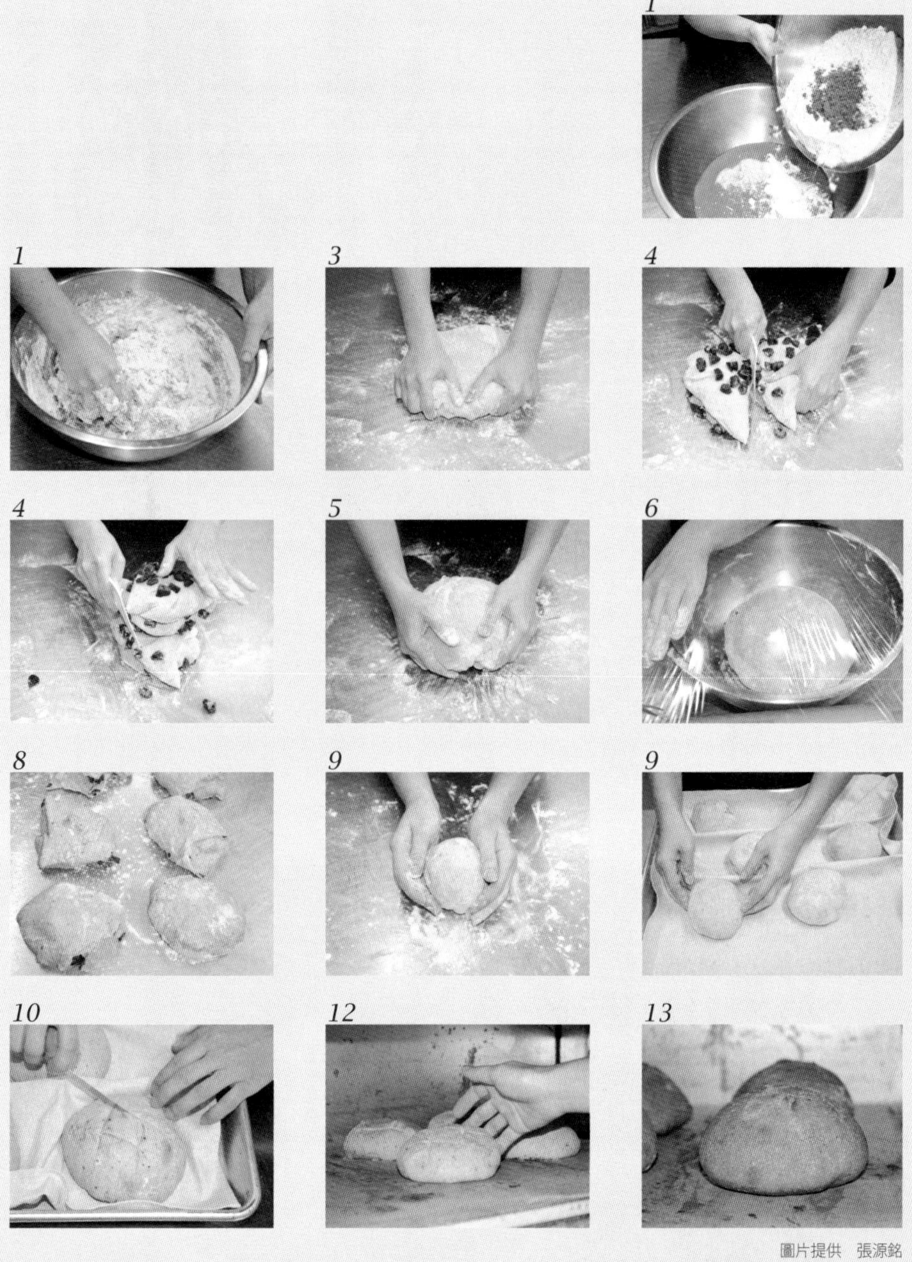

圖片提供　張源銘

柑橘

大吉大利的水果之寶

柑橘從裡到外都可善加利用，外皮可以製成中藥用的「陳皮」，果肉含豐富的維生素C等，所榨的汁液還可入菜增添果香味；此外，外表黃澄飽滿更是過年過節不可或缺的吉祥物。

由網路結緣的茂谷柑

台灣農業因為沒有妥善規畫，農民就像無頭蒼蠅般，聞到那兒有香味就往那兒飛。結果形成一窩蜂，聽到什麼水果價格好，就搶種什麼作物。最後是菜金菜土，生產過量，價格大崩盤，連採收成本都不夠。鄉村裡頓時一張張唉聲嘆氣、不知如何是好的憂愁臉孔。

我家就是最好的例子，一甲二的農地，面積不算小，一半旱田、一半水田。記憶中，曾種過水稻、薑、柳丁、香蕉。每次農收賣了錢，還了肥料、農藥的欠款，所剩無幾。有時還不夠，時間和人力成本都沒得算了。小時候，每學期不到一百元的學費都還得向村落的雜貨店老闆借，等父母做零工，領了工錢才有得還。

因此，對於農家大豐收卻面臨無處銷售的困境，真的感同身受。值得欣慰的是，近幾年，農產銷售問題逐漸受到重視，農民市集雖不至如雨後春筍般出現，但已見新氣象。另外，在年輕世代的幫忙下，網路也是另一個小農銷售農產品的直接管道，如直接跟農夫買、花蓮好市集、248農學市集、上下游市集等社會企業慢慢出現，並形成氣候。雖無法根本解決農業產銷問題，但總是一股牽引的力量，把農業導往正向發展。

舞麥窯經典的「柑橘麵包」，就是因為網路結緣而生。由於臉書有連結到「直接跟農夫買」等市集，經由網路看到台中縣新社的「阿生茂谷柑」嘗試透過網路販售，是返鄉的年輕人，要幫年長的父親行銷用心耕種的農產品；希望老農的用心付出能得到應有的報酬，不想看到老農面對大盤商唯利是圖的臉容。看到這樣的訊息，我總會衝動，就留言訂購一箱來試做。

收到新社阿生的茂谷柑，切幾顆試吃，那風味和甜度，真的讓人不由得豎起大拇指說「讚」！覺得種出如此美味水果的農民，應該受到更多的肯定。而肯定的方法，就是讓他們生產的茂谷柑零庫存，賣光光。因此，我先在自己的部落格上推薦他們的茂谷柑，讓想吃汁多味甜茂谷柑的朋友先宅配購買。畢竟，我們不是大企業，能訂購的量有限，愈多人一起買，力量愈大。幫忙推薦完，按了讚，接下來就得想，怎麼辦（拌）？

柑橘入餡 費時費工

水果等食材要加入麵包有以下幾種作法，最好的就是以曬、烘、烤變成水果乾，再拌進麵團；或是加水打成汁；再不然就是烤熟或蒸熟，像南瓜一樣，直接打進麵團中。茂谷柑因汁多，不易烤成果乾，所以只有設法打進麵團。但它有皮又多籽，這下又折騰到自己，必須一個個先切開去皮、去籽，再把果肉當作水加進麵團裡打。

茂谷柑的果肉汁甜，但風味稍弱，想到國外的烹飪作法，常會加橘皮入菜，索性就留了點橘皮切碎後加進麵團。

結果，烤出來的麵包只有淡淡的柑橘香，原本還不太滿意。心想，這麼沒有風味的麵包大概沒人青睞。沒想到推出後卻出乎我意料之外，就是這股清淡的橘香，讓許多人愛上它。一個長住歐洲的朋友，每次返國就想到這一味，有時還會特地來買。每年冬天一到，許多朋友就在探詢，柑橘麵包何時會上架。

新社阿生農園聽說我買茂谷柑是做麵包用，也覺好奇。品嘗後，他們也覺得不可思議，沒想到新鮮的茂谷柑可以直接做麵包。想想也是，傳統烘焙顧慮到水分的多寡，還有操作的方便性，用的大多是果乾；新鮮水果一般在出爐後才會添加，如草莓等，少有人直接拿新鮮水果打進麵團中。

從一般麵包店不願意使用新鮮水果食材，就知道要把茂谷柑加到麵團裡，是件費工的事。但只要願意動手做，再費事也算是容易。步驟是先把茂谷柑切成4片，剝皮後，用刀切去中心有籽的部位，留下果肉直接加進麵團。數量約一顆麵包用一顆半的茂谷柑；橘皮大約一顆麵包加半片即可。如要去苦味，就用刀片刮去皮內部的白色軟質，既可減少苦味。

因為茂谷柑和麵包，和新社阿生果園成了素未謀面的好友。每年看到市面銷售柑橘，就想到準備要訂購茂谷柑了，許多朋友也會主動詢問何時上市，他們要買柑橘麵包，也想買好吃的茂谷柑。

說實在的，我們購買茂谷柑的量並不多，但總希望能起帶頭作用。大家都出一點點的力量，就能匯聚成大河。提供成功的例子，一起改變社會；也是鼓勵各界多利用新鮮水果當食材，做出具有本土特色的各式食物。大家如果有興趣，其他柑橘類也能入餡，作法跟茂谷柑一樣，只是含的水分不同，要自行調整水分的多寡。

新鮮水果入餡 水分比例最重要

在家做柑橘麵包，調整水分的方法並不難。首先，柑橘類果肉含有不少的固形物（也就是汁液以外的肉），把果肉當成水的一部分，相對的，就是要提高水的百分比。一般麵團水的百分比介於60～65％，那可以先調高到70％；待所有材料準備好，就開始揉，如果覺得麵團太硬，就加點水再揉；太軟，就加一點粉。最重要的是，水分的多寡，最終影響發酵後的麵包形狀，濕度剛好，麵包較挺；濕度太高，麵包較塌，但兩者口感都不錯。對於自用者來說，是可容忍的範圍。

食材處理DIY

茂谷柑

作法／

一　茂谷柑切成4片再剝皮。

二　刀子切去果肉中心有籽的部位，留下果肉備用。

三　橘皮以小刀將內部白色的部分刮除乾淨，切碎。

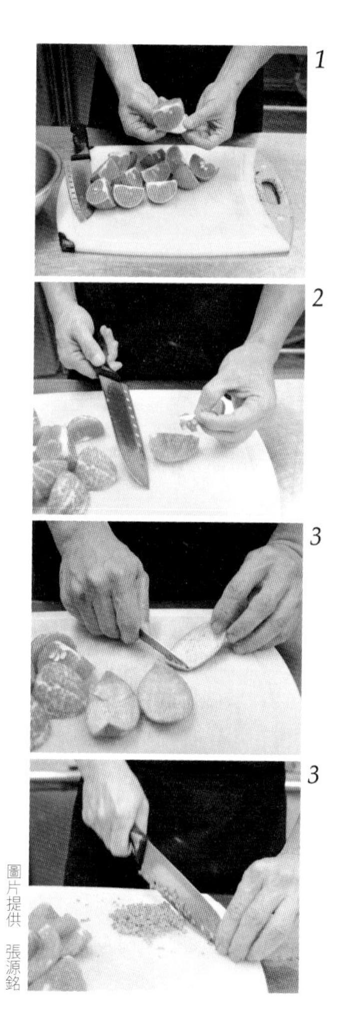

1 2 3 3

圖片提供　張源銘

柑橘麵包

將茂谷柑的果肉、汁液完全融入麵團中，再加入少許的橘皮，讓蘊藏其中的柑橘香氣更加顯現，一款極具巧思的麵包，令人回味無窮。

材料

雜糧粉 180g、高筋麵粉 720g、水 190g、自養酵母 180g、海鹽 14g
黑糖 45g、初榨橄欖油 27g、茂谷柑 450g、茂谷柑皮(切碎)8g

作法

1. 材料全部倒入鋼盆中以手攪拌均勻為麵團。
2. 桌面先撒些許麵粉，防止沾黏。
3. 麵團放於桌上持續搓揉，搓揉時要用手把柑橘果肉融入麵團，揉約 30 分鐘，待麵團表面產生光滑。
4. 放進鋼盆，覆上保鮮膜，放入冰箱低溫發酵。
5. 低溫發酵至少需經過 8 小時（可延長到 12 小時）發酵，取出麵團放於室溫下約 3 小時（夏天溫度高，可縮短，冬天要較長時間），使其回溫並加速發酵。
6. 發酵後的麵團會膨脹約 0.5 ～ 1 倍，麵團靜置約 10 分鐘，以刮板分割稱重，每顆中量約 300g。
7. 整圓後約靜置 10 分鐘，整形為魚雷形放於發酵布上，放置涼爽處發酵約 1 小時。
8. 麵團表面用小刀劃出紋路。
9. 進爐前約半小時，先開啟烤爐開關以上火 200℃／下火 180℃預熱。
10. 待麵團只要再發酵約 0.5 倍大，就可以進爐烘焙，約 25 ～ 30 分鐘。
11. 烤好的麵包用手指輕敲底部，有叩叩聲即表示熟了，或插入溫度計，超過 95℃就可出爐。

圖片提供　張源銘

桂圓

補氣血的天然滋補方

龍眼盛產於夏令時分的八月，八月俗稱桂月，且龍眼外型渾圓飽滿，因此又名為「桂圓」；其屬於溫熱的食物，是養血安神的最佳補品。

兒時印象中的桂圓乾

鄉間村落裡常會有廟宇，廟前有「廟埕」，埕邊會有棵大樹，大樹蔭下，是孩童遊戲的聚集地。記得家鄉中寮鄉馬鞍崙老家鄰居的庭院邊就有一棵不知樹齡，但樹幹要兩人環抱的大龍眼樹，有著超大的樹蔭，也曾是大家玩耍的好地點。

中寮鄉是全台龍眼主要產地之一，只記得在靠近南投市的「甲頭埔」還有專門的集貨市場。像香蕉一樣，農民等盛產季節一到，每天把採收的龍眼送往集貨市場，由各地趕到的大盤商品頭論足，喊價購買。

不過，早年農家以稻為主，因為窮苦，只要有米，一家人就能過活，其他的農作物，好像就沒那麼重要。尤其是我家附近的農地算是河谷旁的小平原，只要能種稻的地方，就不會種其他農作物，因此龍眼樹通常是在較陡的山坡地且取水困難的地方才能栽種。

務農世家以稻米為主

話說，世道常是此一時，彼一時。我媽不時會轉述祖父取得家中農地的來由。那時，伯叔姑媽加起來8個小孩，食指浩繁，祖父年輕時，難得能買米煮飯給小孩吃。飯裡總不會全是白米，一定會加些地瓜，減少米的使用量；平時買米是賒賬，等打零工，領了工資再去支付米錢。

有天，祖父聽說有塊田地（也就是我家現有的這塊地），佃農不想續租。隔天清晨四點多，他就去也是親戚的地主家門口等候，一見地主出門，趕忙上前懇求出租田地給他耕作。地主見他勤勞、誠懇，當下就允諾。聽母親說，祖父因為能租到田地種稻，高興了快一星期，可見農家早期重視稻作的情景。這也是為何我住鄉下，離家約十公里就有全台數一數二的龍眼市集，但我卻很少吃到龍眼乾的原因。

隨著工商發達，國人吃得愈來愈好，吃白米飯不但已稀鬆平常，米飯銷量還跟著下滑，相較之下水果反而成為較搶手的農作物。物換星移之後，現在回鄉，早年的稻田全部消失，不是荒廢，就是換種果樹，早年為了稻田灌溉從上游沿著丘陵興建的「南圳」逐漸荒廢。九二一地震後，雖曾發起復舊，終敵不過稻田消失，南圳已難逃廢棄命運。

也就因為米珍貴，自家沒種，鄰家的產量也不多，正所謂「青吃都不夠，哪來曬乾」，我對龍眼的回憶一直停留在夏天可以在鄰家隨手摘來吃的水果，至於它的加工品「桂圓乾」，是年節時炊米糕添加的食材。所以，桂圓乾對我小時候來說，也是珍貴的食材之一。

對於炭焙龍眼乾，我的初次印象是小時候「陪」五嬸回她位於南投縣國姓鄉「龜溝」山上娘家，看到她媽媽忙著烘焙銷售不出去的龍眼，也才知道剝龍眼殼，吃龍眼乾的滋味。

製程繁複的炭焙龍眼乾

在這樣稻米耕作式微的轉換之間，甚少回鄉的我，也不知兒時鄰居「蔡聰修」哪時候蓋了座炭焙龍眼乾的窯，每到龍眼成熟季後，只見他夫妻倆忙著照顧那一批批的炭焙龍眼乾。

他們的龍眼乾，炭焙後還經日曬。剝好的龍眼肉，再日曬一次，把甜味和風味都鎖在果肉裡面了。當我在尋找麵包餡料時，買了一批，試用過就不想再換供應商。因為用心做的食材，光用聞的，就真的不一樣。他們的產品也因此打出名號，年年供不應求。

也由於用心，加上費工，他們的產量一直無法提升。後來，我也樂於等待。有次，因食材青黃不接，另外找人買了一批。做出來的桂圓麵包，就是少了一股風味。從此，不再買別家的。每年在龍眼產季前我都會拜託蔡聰修幫忙留一批龍眼乾，用完就等來年。

龍眼乾的保存雖然可放常溫，但常溫放置久了會變黑，風味也會略減。冷藏則可減緩變質的速度。許多麵包店

使用龍眼乾入餡都先用紅酒浸漬過，豐富龍眼乾的風味。但我是原味的偏執者，使用前只先用水洗一次，軟化龍眼乾，配上核桃。這樣簡單的美味，要的是品嘗那經炭焙再日曬過的天然豐厚味道；多添加紅酒，有時真會搶了它的味道。但也或許是為了掩飾風味較次級的龍眼乾。

食材處理DIY

龍眼乾

作法／

一　龍眼乾使用前先以水沖洗一次，軟化龍眼乾備用。

桂圓核桃麵包

炭焙的桂圓乾有著一股淡淡的炭香，與蘊含著果香氣的核桃非常絕配，經過烘焙的魔法，品嘗到最天然豐厚的好味道。

材料

A 雜糧粉 160g、高筋麵粉 650g、水 520g、自養酵母 160g、海鹽 12g
黑糖 40g、初榨橄欖油 24g

B 核桃 120g、桂圓 120g

作法

1. 材料A全部倒入鋼盆，用手攪拌均勻為麵團。
2. 桌面撒上些許麵粉，放上麵團繼續搓揉，揉約30分鐘，待表面產生光滑。
3. 麵團放於桌面壓平，加入材料B再將麵團鋪平。
4. 刮板從麵團中間切開，取一半疊到另一半上方，從中對切後再疊。
5. 切、疊的動作重複5次，就可以將材料B平均分布於麵團中。
6. 麵團整成圓形，表面盡量保持光滑，放進鋼盆，覆上保鮮膜，放入冰箱低溫發酵。
7. 低溫發酵至少需經過8小時（可延長到12小時）發酵，取出麵團放於室溫下約3小時（夏天溫度高，可縮短，冬天要較長時間），使其回溫並加速發酵。
8. 待麵團膨脹約0.5～1倍大，即把麵團放在桌上，以刮板分割稱重，每顆重量約300g。
9. 麵團整圓，靜置約10分鐘後整形為橄欖形。
10. 整形好的麵團放於發酵布上，放置涼爽處發酵約1小時。
11. 以小刀在麵團表面劃出紋路。
12. 進爐前約半小時，先開啟烤爐開關以上火200℃／下火180℃預熱。
13. 待麵團只要再發酵約0.5倍大，即可送進爐中烘烤，約25～30分鐘後取出。
14. 烤好的麵包用手指輕敲底部，有叩叩聲就表示熟了，或插入溫度計測溫，超過93℃度就可出爐。

圖片提供　張源銘

新鮮蔬菜　好健康

蔬菜中所含的膳食纖維及營養素非常豐富，多吃蔬菜對人體有益無害；以當令時節的新鮮蔬菜作為主要食材，烘焙出爐的麵包天然又健康！

田園蔬菜

營養滿分的綜合蔬果

毛豆、玉米、馬鈴薯皆富含蛋白質，其中毛豆素有「貧民之肉」的稱號，而玉米與馬鈴薯是非常好的澱粉來源。此外，具有豐富茄紅素的牛番茄，更是抗氧化的絕佳選擇。

在生活中用心學習

製做麵包對東方人來說是非常專業的事，對許多西方人卻是家常事。就像許多台灣人在家裡會包水餃，或做饅頭、包子。我想，這是中西方有別吧。早年，大部分的婦女更多是會包粽子、做發糕、年糕等年節食品，甚至還會做最難的豆腐。根據我三十年次的媽媽說，她年輕時，農家婦女常自嘲是「查某郎翻」，並非指脾氣不可理喻，而是每天都做著幾乎同樣的事；不是隔天重複，如洗衣、煮飯；就是隔月或隔季節、過節時重複，像是包粽子、做年糕等，「啊，就一直在翻那些工作」。

她說，那時候，插秧和割稻是農家最重要的日子，因為需要的人手多，必須搶時間完成，拖不得！在家家都有農事要忙的年代，要付工錢找人幫忙插秧或割稻並不容易。許多是互助，也就是你幫我，我幫你。有的甚至是「放伴」，即換工。對於來幫忙插秧或割稻的工人，農家都以禮相待。因此，插秧飯和割稻仔飯，馬虎不得，要讓幫忙的農友吃得豐富，吃得營養。在經濟不富裕的年代，媳婦沒有難為無米之炊的藉口。所以，最經濟實惠的「豆腐」自然而然的成了一道主菜。

媽媽說，那時的主婦都會做豆腐！割稻或插秧前一晚，就要先用石磨磨豆，凌晨再起來做。我聽了有點難以置信，而且沒能跟上那時代，無法親眼證實，但從我老家早年有一組石磨來看，此話真實性很高。

做豆腐，那不是很難嗎？是啊，對我們而言，很難，但如果生活需要，就會去揣摩，去學習。試一次不會，3次、4次、10次，或許味道和口感沒那麼到位，但笨媳婦總有學會的一天。

蔬果入餡 健康又美味

做麵包也是相同的道理。學會做麵包後，想要兼具營養與多樣化，要讓顧客吃得豐富與健康，一樣不難。許多人學會做麵包，不太敢嘗試新口味，擔心會失敗。其實，做給自家人吃，營養可以擺第一位，不像開店營業，要考慮賣相好不好？客人能否吃出我們的用心？

所以說，蔬果攤許多食材都可以拿來試試，只要風味不衝突；例如龍眼不要搭配芭樂，依我的味蕾記憶，2種水果合起來有著奇怪的味道。一般常吃的蔬果都可以嘗試拿來加進麵包裡，讓早餐的麵包，只要吃一片，不只吸收了

小麥的澱粉和營養素，還有其他蔬果的多種營養來源（就像提供給幫忙插秧或割稻的農友所吃的菜肴一樣豐盛）。

我學會用自養酵母做麵包後，就開始思考以三餐常吃的蔬果做餡料。由於青、白花菜是很受大家喜愛的青菜，也是個人很愛吃的蔬菜。因此，它們最早被拿來當餡料，也曾銷售一段時間。只可惜，這2種蔬菜經過烤（蒸）後，會有悶煮過熟的菜味，有些顧客不大能接受，最後只好停產。

不過，我從沒停止思考把蔬果加進麵包裡的想法，經過多方評估和嘗試，最後選擇毛豆、玉米和馬鈴薯做為餡料。此外麵團裡加入烤熟的牛番茄一起拌打。這樣一來，一個麵包裡就含有4種蔬果的營養。會選這3種蔬菜作為餡料，主要是蒸烤後其風味改變不大，而且彼此味道不相衝突，甚至有相輔相成的效果。

其實，果菜攤上的新鮮蔬菜也可入餡，不論是切段拌入，或直接打成汁當水加進麵團，做出不同顏色的麵包體，只要是自己喜歡吃的，都可以嘗試看看。

牛番茄麵團

要把蔬果加入麵團，當然會有些技術需要克服。像牛番茄果實充滿豐富汁液，基於技術問題，原本並沒有想到要加入麵包中。直到我參加的嚕啦啦休閒車隊認養的螢火蟲（受扶助學生）家裡生產牛番茄，隊友們發起「認購番茄幫忙螢火蟲活動」，在愛心驅使下就買了2箱。

貨到了，愛心發揮了。但看著2箱牛番茄，接著就要動腦筋了。牛番茄生吃不是那麼好吃，即使我非常愛吃水果，總被家人笑稱是「果子狸」，卻也消化不了那麼多的牛番茄。許多隊友訂購牛番茄，都把愛心分送出去，送給親友用來炒蛋或做番茄料理。我個性較懶，沒時間開車分送，只剩把牛番茄拿來做麵包一途。

如先前所提，牛番茄的果實裡含有一定比例的汁液，且那汁液是風味精華所在，丟棄太可惜，加入麵團中又真的不好操作。想到許多義大利菜都加進大量的水煮成番茄泥，那就模仿一下其作法吧。剛好，我們的麵包窯烤完麵包後餘溫還很高，熱能充足，於是，就把牛番茄去蒂，排列整齊進爐烤熟，待放涼後就直接當水，加進麵粉裡打成「番茄麵團」。

由於一般家裡沒有攪拌機，手揉的力道無法捏碎烤熟的牛番茄。因此，要把牛番茄揉進麵團，可以用煮番茄濃湯的方式，先在番茄底部劃十字，放進水裡煮。煮熟剝皮，再用果汁機加極少的水打成番茄泥，再加進麵團。但這樣的做法，同樣有水分拿捏不易的問題。我們的做法也是把番茄算到水的配方比例中，由於番茄有固形物，不完全是水分，因此，水的配方比例要提高到75%，番茄的數量，則以一個麵包６００公克加一顆番茄為基準，也就是如果要做6個３００公克的麵包，假設需要麵粉９００公克，那麼水就要６７５公克。因此，拿３顆牛番茄煮熟去皮，添加水到６７５公克，再用果汁機打成泥當成水使用。

每次番茄的水分含量不同，所以，要加多少水，沒有標準答案，也沒那麼難判斷。以上述比例打成麵團後，如果麵團捏起來不會硬梆梆，那就不會太乾；如果有點硬，就加一點水再揉；相反的，揉好靜置10秒，如果會坍軟，那就表示太濕。烤了還是會發，但因水分太多，在氣室還沒膨脹定型前，就先塌了，麵包成型會比較扁平。不過，口感一樣。為避免烤出太扁平的麵包，看到麵團太濕，就加些麵粉再揉，直到麵團塌軟的速度沒那麼快，最好是成型後不會塌軟。

最佳的天然色素

蔬菜入餡添色彩，一般最常見的大概是把菠菜打成汁液直接當水用，攪打出翠綠的麵團。也有人為了讓不喜歡吃胡蘿蔔的小孩吃進胡蘿蔔，把胡蘿蔔打成汁當水，或是先蒸熟再拌入麵團中，就會做出淡粉紅色的麵包。這樣的作法一樣要注意水分的比例，因為汁液裡含有部分固形物，所以以汁當水的比例就要比平常高一些，大約調高2～3％，主要是看食材含水量而定。不然，也可在揉製麵團的過程中，依手感決定添加量的多寡。

除了替麵團染色，許多塊莖作物，例如山藥、地瓜、馬鈴薯等，甚至牛蒡，都可以放入麵包裡；重點是要考慮這些食材包在麵團中，進爐烘焙的時間大約25～45分鐘，扣除剛進爐，爐內還沒充滿蒸氣的時間，大約還有15～30分鐘。因此餡料體積不能太大，以免發生麵包熟了，餡料還沒熟的窘境。

所以，不要怕失敗，愛吃的、營養的，都可以拿來試試。就動手做吧！做了就會了。

食材處理DIY

田園蔬菜

作法／

一　毛豆去豆莢（可買現成的毛豆）、玉米取玉米粒及馬鈴薯去皮切丁狀。

二　牛番茄先在底部劃十字，放進水裡煮至熟。

三　煮熟後的牛番茄剝皮，再用果汁機加極少的水打成番茄泥。

1　3　3

圖片提供　張源銘

田園蔬菜麵包

番茄麵團中包入毛豆、玉米、馬鈴薯，富含植物性蛋白質的蔬果麵包，品嘗起來不僅有嚼勁，還可以咀嚼到最自然的餡料，營養美味滿分。

材料

A 雜糧粉 160g、高筋麵粉 650g、自養酵母 160gg、天然海鹽 12g
黑糖 40g、初榨橄欖油 24g

B 牛番茄(烤或煮熟)3 顆、水 500g

C 毛豆、玉米、馬鈴薯丁共 300g

作法

1 材料 B 以果汁機攪碎，與材料 A 一起倒入鋼盆內，以手攪拌均勻為麵團。

2 桌面先撒上少許麵粉，防止揉麵團時沾黏於桌面。

3 麵團放於桌面，以手持續搓揉，揉約 30 分鐘，待表面產生光滑狀。

4 稍微壓平麵團，加入材料 C，再將其鋪平。

5 以刮板從麵團中間切開，拿起一半疊到另一半上方，從中對切後再疊；切、疊的動作重複 5 次。

6 將散落於桌上的材料 C 平均分布於麵團裡，整圓使表面保持光滑。

7 圓形的麵團放進鋼盆，覆上保鮮膜，放入冰箱低溫發酵。

8 麵團低溫發酵至少需經過 8 小時(可延長到 12 小時)發酵，取出放於室溫下約 3 小時(夏天溫度高，可縮短，冬天要較長時間)回溫並加速發酵。

9 待麵團膨脹約 0.5 ～ 1 倍大就可放於桌上，以刮板分割稱重，每顆重量約 300g。

10 分割好的麵團整圓，靜置約 10 分鐘，整形成橄欖形。

11 放到發酵布上，放置於涼爽處發酵約 1 小時；入烤爐前，麵團表面以小刀劃出紋路。

12 進烤爐前約半小時，先開啟烤爐開關以上火 200℃／下火 180℃預熱。

13 當麵團只要再發酵約 0.5 倍大，就可以送進烤爐烘焙約 25 ～ 30 分鐘，即可出爐。

圖片提供　張源銘

東昇南瓜

味甜肉厚的瓜中黃金

閩南語俗稱為「金瓜」的南瓜為高鉾的蔬果，富含膳食纖維，不僅可替代主食食用，對於泌尿系統的疾病也有良好的預防作用。以南瓜為食材，入菜或製作點心都是非常好的選擇。

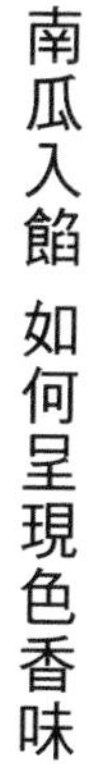

南瓜入餡 如何呈現色香味

南瓜是大家耳熟能詳的蔬果，也是公認「好營養」的蔬果之一。在地食譜以南瓜米粉最聞名，而西方食譜的南瓜濃湯也不遑多讓。既然製作麵包堅持採用新鮮食材入餡，菜市場常客的南瓜，當然逃不過我們的搜羅，列為重要食材之一，而它也成為舞麥窯的經典產品，歷久不衰。

由於南瓜煮熟後會變軟爛且多汁，在思考如何入餡時，考慮到切塊加入麵團烘烤，容易影響入爐後的發酵力及口感。因此，決定直接打入麵團，既是打入麵團，前置作業就是要煮熟南瓜。基於節能減碳的考量，我們就利用麵包窯烤完麵包的餘溫烤南瓜。這樣一來，不但節省熱能成本，同時南瓜烤後水分減少，和先前使用電鍋蒸熟相比，相對更甘甜。

餡料既然是打入麵團裡，要如何讓買麵包的顧客可以感受到他們買的是有加入大量南瓜的麵包？就像我的第一本書《舞麥，麵包師傅的12堂課》所寫的一樣，一個是色，一個是香，不能要求顧客光靠想像。

而南瓜是種香味沒那麼濃郁的蔬果，要加到能讓顧客們切開一聞會直呼「哇，好香的南瓜味喔！」應該是不可能。一者香味本就淡，再者南瓜加到超過比例，麵粉的比例就下降，沒有足夠的麵筋發酵，麵包就愈發不好，口感會變硬實。既然南瓜的香味不易突顯，那就只能靠南瓜的色。

尋找東昇南瓜的緣起

一開始直接在市場買一般南瓜當食材，卻苦於有時難以讓消費者感受到那是加了大量南瓜的南瓜吐司或南瓜起司麵包，直到發現「東昇南瓜」。對於南瓜不熟的我們，聽到菜販說那是東昇南瓜，有點俗氣的還一度以為是「東森」南瓜，想說，怎麼會有南瓜以有線新聞台命名。

有了東昇南瓜，終於讓南瓜麵包有了黃澄澄的天然美色，誘引著饕客們食指大動。不過，尋找極品東昇南瓜的想法一直在腦海裡轉，因為結實橙黃的東昇南瓜真的是極佳食材。

古話說，「天涯若比鄰，海內存知己」，在這個網路時代更能體會這句話的意涵。我們習慣先找小農買食材，而許多現代農夫也都善用網路行銷。因此，上網以東昇南瓜搜尋，看到花蓮的「壽豐印象」有生產，價格也合理，不會覺得高攀不上，二話不說，就先訂10箱。之後數量再增加。

壽豐印象的東昇南瓜品質真沒話說，個個飽滿，顏色鮮美。烤熟加進食材裡一起打，打好的麵團色澤真是橘黃得美，因此壽豐印象就成為我們南瓜固定的進貨農家。

好玩的是，我們由電郵連絡及電話聯繫，千里友情一線牽。就靠網路與電話，兩方未曾謀面的生產者與加工者，架構著農家和烘焙坊之間那份淡淡卻相互信任的情感。

東昇南瓜的產期有限，過了產期，我們曾多方尋找。也買過紐西蘭進口的東昇南瓜，用了一段時間，發現顏色有了，但香味卻少了。再以一般南瓜製作，相互比較，發現在地食材還是比較好。雖然顏色沒那麼豔，但南瓜的香味較濃郁。因此決定回到在地南瓜的懷抱。在東昇南瓜的產期外，捨棄紐西蘭進口的東昇南瓜，使用在地的一般南瓜。

南瓜打入麵團的關鍵要領

說了前言，這裡來到最關鍵部分，就是怎麼把南瓜打進麵團？答案其實很簡單，但也有一定的困難度。簡單的部分是把南瓜蒸熟或烤熟，秤好麵粉等材料，一起跟著麵粉拌揉即可。困難的部分在於南瓜的量要加多少；並非愈多愈好，太多會影響發酵，還有水分的掌控也不易。

關於南瓜的量，我們是把南瓜的重算進水的重量中，大約佔配方裡水的重量的一半；由於南瓜不全是水，含有固形物，所以水的比例要跟著提高一些，建議提高到78%。例如，麵粉是一公斤，水的烘焙百分比是78%，也就是780公克，那南瓜的量就要390公克，水的重量也390公克。

圖片提供　張源銘

不過，每次烤好或蒸熟的南瓜，含水量不一。因此，配方就不是絕對的數量，可以用配方的數據下去做參考，再根據麵團揉出來的手感，酌量加水或麵粉，讓麵團達到需要的標準。南瓜麵團可以直接放進吐司盒，做成吐司；也可以在整形時加入起司，做成南瓜起司麵包。

一般商業酵母的教學課程，都要求學員們要掌控精準的水分，比例稍有差池，好像就做不出好麵包。其實，水分是要精準，但多一些、少一些，就差在麵團乾一點、濕一點，對自養酵母麵團的操作，一則是黏不黏手的差異，再則是塌不塌的差別，但都是好吃的麵包。

大家都知道，水分一多，麵團就會黏手。由於使用自養酵母做麵包，是低溫發酵，發酵所需時間較長。手粉用的麵粉在足夠的時間下，也會融入麵團裡。所以麵團黏手不必怕，只要多撒點手粉，手上如果沾粉塊，最後搓掉即可。

另外，水分明顯過多，麵團就會塌軟，影響成形及進爐後的發酵力。觀察麵團中的水分是否太多，其方法是，麵團揉好後靜置觀察，如果立刻塌滑，就表示太軟，水分過多；這樣的麵團放進烤箱，麵團還沒膨脹定型就先塌，會烤出扁麵包，像拖鞋麵包一樣。那不是發酵力不夠，而是水分太多，麵筋撐不起麵團。只要酌量加麵粉再揉就可解決。直到靜置觀察呈現幾乎不會塌滑的狀態，即能放入烤箱。

食材處理 DIY

蒸南瓜

作法／

一　南瓜洗淨後剖半。

二　去籽，切成塊狀。

三　放入電鍋中蒸熟。

2

3

圖片提供　張源銘

南瓜起司麵包

微甜的南瓜與鹹味的起司混合，淡淡南瓜香，配上濃郁起司香，令人忍不住一口接一口。

材料

A　雜糧粉 145g、高筋麵粉 730g、水 330g、自養酵母 170g、黑糖 45g
天然海鹽 12g、初榨橄欖油 26g、南瓜 330g

B　起司 180g

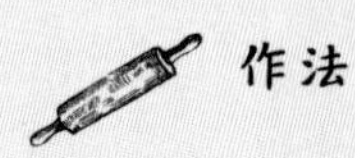

作法

1. 材料 A 全部倒入鋼盆中以手攪拌均勻為麵團。
2. 桌面先撒些許麵粉，防止沾黏。
3. 麵團放於桌上持續搓揉，將南瓜揉入麵團裡，揉約 30 分鐘，待麵團表面產生光滑。
4. 放進鋼盆裡，覆上保鮮膜，放入冰箱低溫發酵。
5. 低溫發酵至少需經過 8 小時（可延長到 12 小時）發酵，取出麵團放於室溫下約 3 小時（夏天溫度高，可縮短，冬天要較長時間），使其回溫並加速發酵。
6. 發酵後的麵團會膨脹約 0.5 ～ 1 倍，麵團靜置約 10 分鐘，以刮板分割稱重，每顆中量約 300g，整形為魚雷形。
7. 麵團整形時包入起司，整形好後放於發酵布上，放置涼爽處發酵約 1 小時。
8. 麵團表面用小刀劃出紋路。
9. 進爐前約半小時，先開啟烤爐開關以上火 200℃／下火 180℃預熱。
10. 待麵團只要再發酵約 0.5 倍大，就可以進爐烘焙約 25 ～ 30 分鐘。
11. 烤好的麵包用手指輕敲底部，有叩叩聲即表示熟了，或插入溫度計，超過 95℃就可出爐。

圖片提供　張源銘

南瓜吐司

富含膳食纖維、對於骨骼發育生長有益的南瓜，以它作為主食材加入麵團中，麥香中有著一股淡雅的南瓜香，品嘗一口真是太幸福了。

材料

雜糧粉 145g、高筋麵粉 730g、水 330g、自養酵母 170g、黑糖 45g
天然海鹽 12g、初榨橄欖油 26g、南瓜 330g

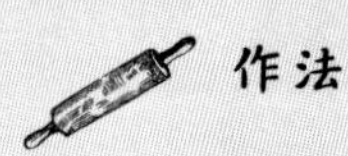

作法

1. 材料全部倒入鋼盆中以手攪拌均勻為麵團。
2. 桌面先撒些許麵粉，防止沾黏。
3. 麵團放於桌上持續搓揉，將南瓜揉入麵團裡，揉約 30 分鐘，待麵團表面產生光滑。
4. 放進鋼盆，覆上保鮮膜，放入冰箱低溫發酵。
5. 低溫發酵至少需經過 8 小時（可延長到 12 小時）發酵，取出麵團放於室溫下約 3 小時（夏天溫度高，可縮短，冬天要較長時間），使其回溫並加速發酵。
6. 發酵後的麵團會膨脹約 0.5 ～ 1 倍，以刮板分割麵團，每顆重量約 700g。
7. 整圓後靜置約 10 分鐘，再放到吐司盒中發酵約 1 ～ 2 小時。
8. 進烤爐前約半小時先開啟烤爐開關，以上火 200℃／下火 180℃預熱。
9. 待麵團發酵至約吐司盒的 9 成高，蓋上模蓋，再進爐烘焙約 60 分鐘。
10. 取出烤好的麵包用手指輕敲底部，發出叩叩聲就表示已烤熟，或插入溫度計，超過 95℃即可出爐。

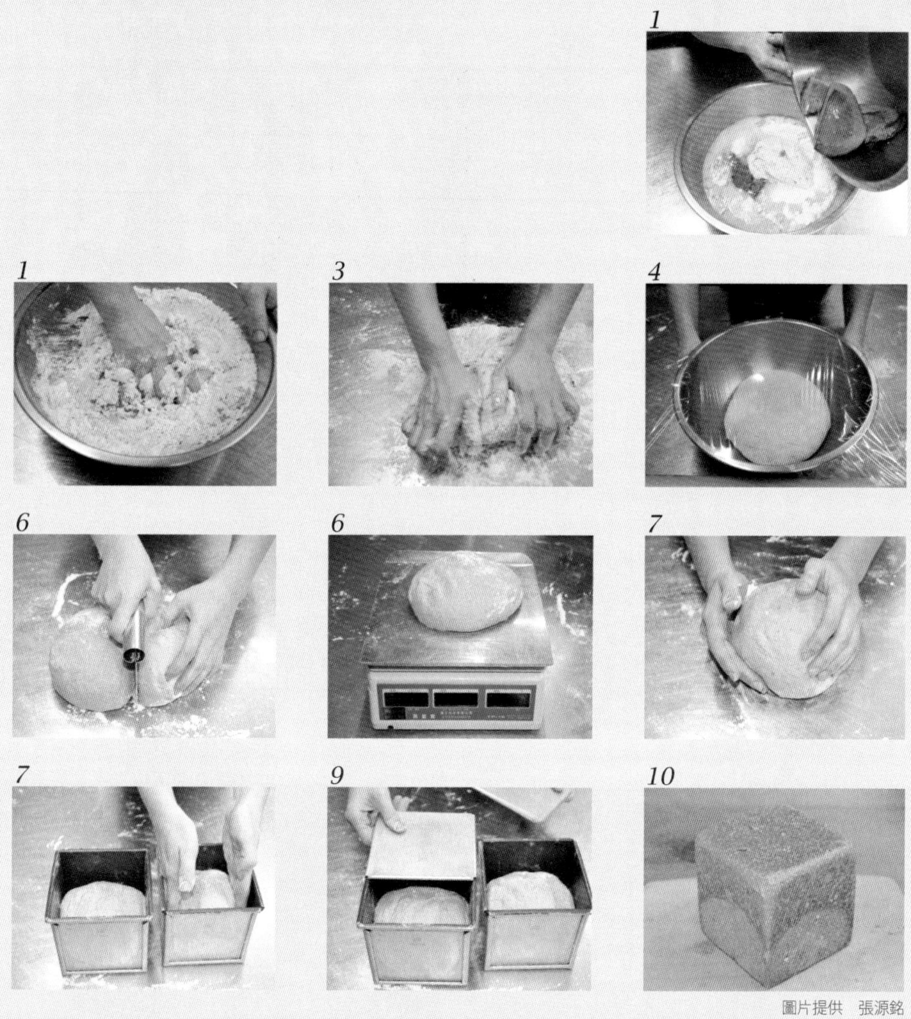

圖片提供　張源銘

海藻

潮間帶上的海萵苣

富含多醣體的海藻是天然的綠色食品，對於人體有極大的幫助，非常適合體內缺乏碘元素的人食用。

環境變遷 無名食材鹹魚大翻身

美味健康的食材並非亙古不變，隨著時代更迭，一些本被棄之如敝屣的食物，常翻身成為熱賣搶手的料理。這種例子，比比皆是。尤其是近二、三十年，國人的營養狀況從早年的缺乏不良，演變到現在的過多不良。一樣的營養不良，有著天地之差的經濟環境。許多，早年是窮苦人家沒得選擇的食材，現在都成桌上佳肴，甚至成為國宴餐點。

大家最耳熟能詳的大概是「地瓜葉」吧。炒地瓜葉，曾幾何時，已是各家飯館或小炒店的炒青菜必備食材。我小時候，農家總想養幾頭豬，等到過年前出售，賺點現金好過年。地瓜葉是豬食之一，我媽都要到田野的畸零空地採收地瓜葉，做為豬仔的食物。偶爾，遇家中無菜可摘，就挑地瓜葉最嫩的芽心部分炒來吃。不知何時，傳出地瓜葉有益健康，因而鹹魚大翻身。為了迎合饕客的嘴，品種不斷改良，現在雖仍名為地瓜葉，但早非當年的地瓜葉。

不過，有些食物依然沒改變。只是大家營養足了，口味也變了。就以基隆周邊出產的海鮮為例，現在最搶手的花蟹，早年的漁民可是不敢多吃，幾乎能不吃就不吃。據老漁民說，因為性屬寒，吃多了會頭暈。那時，紅蟳最尊貴，三點蟹也不錯，只有花蟹乏人問津。但現在的花蟹還是花蟹，卻是炙手可熱的海鮮。因為現在的人擔心營養過剩，不怕太寒會頭暈，美味的花蟹反而成為大家的最愛。

另外，基隆俗稱大嶼蟹的一種螃蟹，早年漁民捕獲時都是折下雙螯賣給商家炒蟹腳，蟹身就丟回大海。後來養殖業興盛，跟著下雜魚（體積小、產值低的魚）一起賣去當魚飼料。沒想到，隨著海上捕獲的漁獲愈來愈少，連以往乏人問津的大嶼蟹，因為夏季7、8月份就抱卵，有蟹黃之故，開始成為桌上佳肴。真可謂此一時，彼一時。

天然海藻石蓴 人氣翻漲

一樣是海味，卻是素食的海藻「石蓴」，同樣隨著保健觀念興起及天然食材愈來愈少的影響，本是窮苦漁家沒錢摘來添味之用的「無價」食材。現在，居然翻身成為料理名菜。北海岸及東北角地區，加了石蓴的魚丸湯，常是遊客必點的人氣料理，就為了吃那濃濃的海味。

什麼是石蓴？很簡單，就是春季，長滿潮間帶礁石上的綠色帶狀植物。春季水溫升高之際，加上揮別東北季風陰霾天氣。太陽一曬，北海岸和東北角許多潮間帶的礁石上，瞬間就被石蓴佔領。攝影界負有盛名的搶景地點「老梅石槽」，那綠油油的一片，就是石蓴。

由於石蓴嫩薄，採收後曬乾比較費工，早年沒有經濟價值。都是漁家採收回家，加到湯裡添味。拜觀光旅遊及品嘗美食風潮，商家推無可推，石蓴最後還是上場。為了供應餐館使用，現在漁家已有大批收購並風乾出售，讓遊客全年都有石蓴可享用。

由於自己很愛玩，又愛吃。雖然卅歲之前因為怕魚腥味，每吃魚就會反胃，而不敢吃魚。但卅歲轉行派到澎湖當記者，吃到道地現撈海鮮，反成海鮮饕客。在基隆工作時認識愛潛水的朋友，因此，各類海產，包括魚、蝦、貝類和海菜都品嘗過。也一直試著要把海藻做為麵包餡，幫海邊的朋友行銷。

先前曾試過海藻麵包，但因找不到供應石蓴乾的商家，加上想不出合適的作法可以透過麵包呈現海藻的原味，此事暫且擱下。

以麵包行銷本土農作物

二〇一四年，離開報社專心做麵包半年後，看

圖片提供　張源銘

到和平島社區在推石蓴，決心找出好的味道。先是一樣「海派」買了10台斤石蓴，放在冷藏庫，等著靈感觸發。畢竟靈感像人工鑽石一樣，要在高壓下才淬鍊得出來。

不過，靈感有時說來就來。看到超商賣的三角飯團，只是簡單的用海苔包飯，撒點芝麻和鹽，何不就把海藻和飯再透過麵包結合在一起。所以，就把我們其他麵包烘焙百分比中20%的雜糧粉完全使用台灣本土生產的糙米粉（任何米都可以，現在市面也有販售米穀粉），打成麵團後加進海藻和芝麻，就成了風味獨特的海藻芝麻麵包。此款麵包一出爐，濃厚的海苔風味立刻竄入鼻腔，讓許多愛吃海苔的朋友，在我們用完今年的海藻庫存後，還一直追問，何時會再有！

海藻芝麻麵包的作法簡單，只要把配方的麵粉、橄欖油、黑糖、鹽、米穀粉、芝麻、水、海藻乾、自養酵母放進鋼盆拌一拌，再移到流理台上揉麵，揉到有筋度即可冷藏發酵。隔天分割、整形、第二次發酵，入爐前，拿麵團沾一下炒過的糙米粉，最後在麵包表面割劃紋路即可進爐。

海藻哪裡買？

北海岸和東北角的漁村都有販售，也可向「和平島愛鄉協會」購買。海藻的產期為春末、夏初之際。

網址如下：

http://www.keelung-peace.url.tw/index.htm

海藻芝麻麵包

海藻作為麵包的主要食材，不僅健康，更富創意。當出爐時的海苔香味撲鼻而來，真是令人感到垂涎欲滴。

材料

A 雜糧粉 160g、高筋麵粉 650g、水 600g、海鹽 10g、黑糖 66g
自養酵母 160g、初榨橄欖油 24g、海藻 60g、黑芝麻 60g

B 炒過的糙米粉 適量

作法

1. 材料 A 全部倒入鋼盆裡以手攪拌均勻為麵團，先靜置約 15 公分鐘，讓海藻先吸收水分。
2. 桌面撒少許麵粉，防止麵團沾黏。
3. 麵團放於桌面，以手持續搓揉，如果麵團太濕就再靜置，讓海藻吸足水，揉約 30 分鐘，直到麵團表面產生光滑。
4. 滾圓使麵團成圓形，表面盡量保持光滑，放進鋼盆裡，覆上保鮮膜，放入冰箱低溫發酵。
5. 低溫發酵至少需經過 8 小時（可延長到 12 小時）發酵，取出放於室溫下約 3 小時（夏天溫度高，可縮短，冬天要較長時間），讓麵團回溫並加速發酵。
6. 待麵團明顯膨脹為發酵前的 0.5 ～ 1 倍大，可從鋼盆取出放在桌上，以刮板分割麵團，每顆重量約 300g。
7. 整圓後靜置約 10 分鐘，即可整形成圓形，放到發酵布上放置涼爽處發酵約 1 小時。
8. 麵團表面沾上材料 B，用小刀劃出紋路。
9. 進烤爐前約半小時先開啟烤爐開關，以上火 200℃／下火 180℃預熱；待麵團只要再發酵約 0.5 倍大，進爐烘焙約 25 ～ 30 分鐘。
10. 取出烤好的麵包用手指輕敲底部，發出叩叩聲就表示已烤熟，或插入溫度計，超過 95℃即可出爐。

圖片提供　張源銘

香椿

樹上的綠色蔬菜

香椿指的是香椿樹上的嫩芽，原產於中國，具有食療之效。以香椿作為食材，不僅可以提香，還能攝取到其豐富的營養成分，是很好的時令名品。

農村小孩對於香椿的陌生

「香椿」這個名詞，我是到卅多歲才聽到。原因或許是家鄉正巧位在台灣中央的中央——南投縣‧中寮鄉，最貧窮的鄉里、最隱密的山谷坡地，較少受到新來文化的刺激。

南投縣是台灣唯一不靠海，也是最中心的行政區。早年鐵路不經過，高速公路也繞過，所有的工商發展都避開。因此，南投保有最好的天然環境；而中寮鄉，就位於南投縣的中心。沒有跟其他縣市的鄉鎮相鄰，也是唯一完全避開了南投縣觀光道路的鄉鎮。

點開google的地圖看一看就知道。那黃色的道路通通閃過中寮鄉。拿筆出來畫一下，要去溪頭，要經過竹山、鹿谷；要去新中橫或東埔溫泉、八通關，要經過南投市、名間、集集、水里到信義；要去日月潭，從水里繞過去魚池鄉就到了；要到埔里，就從草屯經國姓鄉；要去清境農場、合歡山或盧山溫泉，從埔里上到仁愛鄉就可以。

總結一句話，到南投縣觀光，縱然是刻意，也只有１３９縣道會經過中寮鄉。這是因為中寮鄉位處平林溪上游，不論南中寮或北中寮的主要道路都是無尾路，無法連結到其他鄉鎮鄉。或許就是這樣一個封閉型農村，少了許多外來的刺激，導致我到了卅多歲，才聽到「香椿」這植物的名稱。我不敢確定是否正確，但直覺香椿可能是隨著大批外省移民來台跟著傳過來的。

香椿又名「青樹芽」

移居基隆後，才聽外省籍朋友提到愛吃香椿煎蛋。且直到愛上做麵包，想要用在地食材時，才想到，好像許多人愛吃香椿，趕忙上網查什麼是香椿，再買香椿醬來試試，終能一「睹」它的盧山真面目。

除了我對香椿如此陌生，來自雲南的麵包坊工作伙伴，本也沒聽過啥是香椿。光聞味道，還無法喚起她的記憶。直到家母從鄉下自家田地栽種的香椿樹，趁初夏葉嫩，現摘現送北上。這位伙伴看到葉子，再聞聞味道，才恍然大悟，那是她家鄉常見的「香菜」，她們稱為「青樹芽」。

她說，從小就會幫忙去摘青樹芽，它們都是長在野地上的樹。有的高十多公尺。摘了嫩葉會剁成泥做成醬，但小時候嫌味道太濃，不愛吃。長大了，才喜歡。許多麵攤的桌上就放著青樹芽醬，可以拌到麵裡，是很家常的醬料。

看來不論中國南北，香椿都是重要的辛香料食材。但因味道濃烈，自然有人愛，有人怕，就看個人選擇了。

香椿入餡，與起司的美味搭配

一般，香椿醬都是加油打成泥。我原來也是買添加油的香椿醬做為麵包的原料。但一直擔心生產者基於成本考量，添加劣質的油品。後來找到專門生產不添加油香椿醬的農家，從此改採無油香椿醬，麵包裡的油，就由我們自己加入。

香椿醬入餡，因是半液態，因此，就算在水的比例中，製作時也是直接與水混合一起秤重；為了彰顯它的色香味，加的量不能太少，烤出來的麵包才會有濃郁的香氣和翠綠的顏色。經過多次的調整，最多佔水的15％。作法很簡單，只要把香椿醬先倒入秤重盆中，倒入水到需要的水量，再把各項材料放進攪拌缸攪拌，就可以拌打出香椿麵包的麵團。

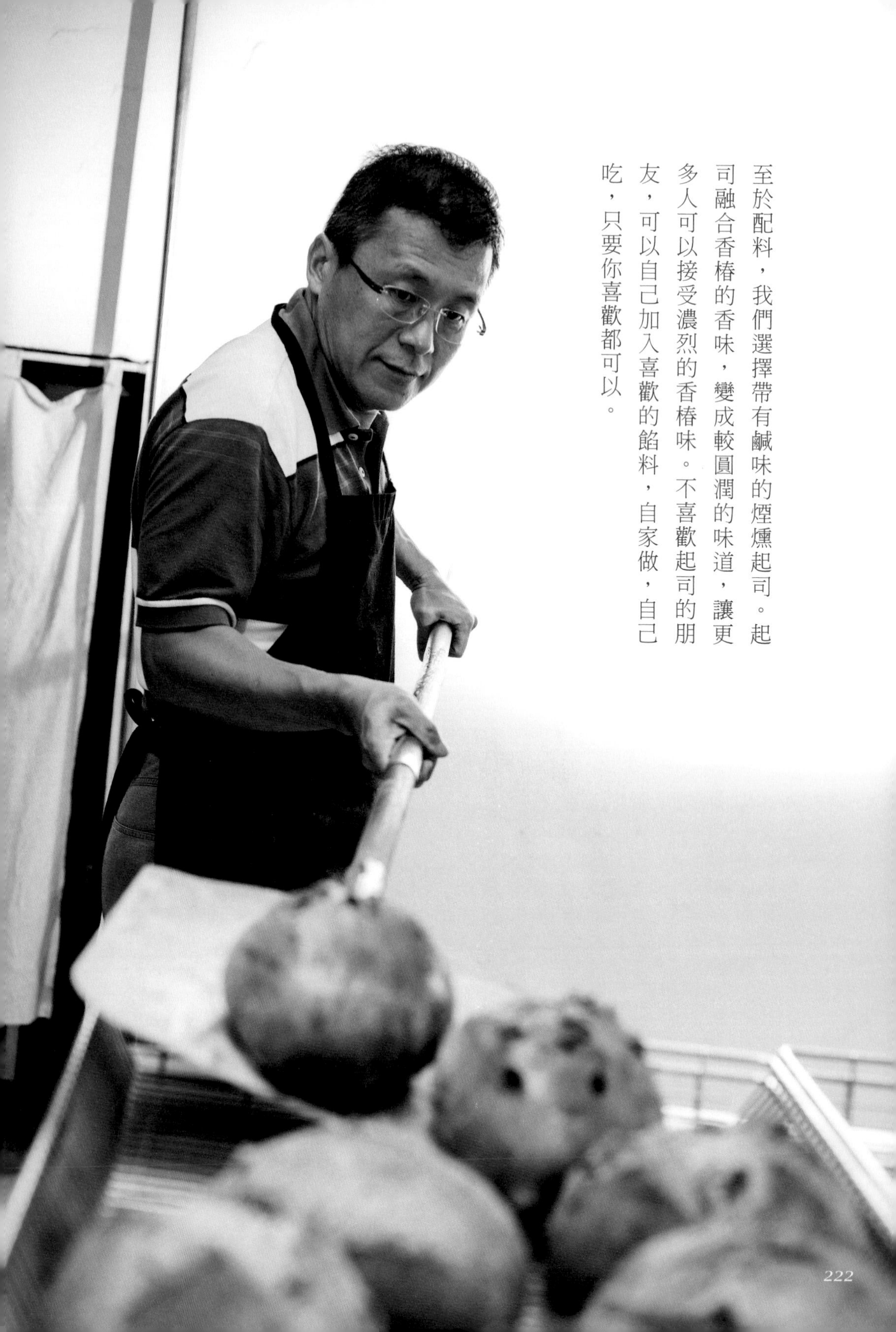

至於配料，我們選擇帶有鹹味的煙燻起司。起司融合香椿的香味，變成較圓潤的味道，讓更多人可以接受濃烈的香椿味。不喜歡起司的朋友，可以自己加入喜歡的餡料，自家做，自己吃，只要你喜歡都可以。

食材處理 DIY

無油香椿醬

作法／

一　香椿葉洗淨後放入果汁機中。

二　加入適量的水（也可加油），攪打成泥狀。

三　倒入乾淨的玻璃容器中保存。

1

2

2

3

3

圖片提供　張源銘

香椿起司麵包

香椿可以提高人體的免疫力，含豐富的維生素C及胡蘿蔔素；以香椿入餡做麵包，讓香椿作為食材的選擇更美味可口、多樣化。

材料

A 雜糧粉 190g、高筋麵粉 750g、水 550g、自養酵母 190g、海鹽 18g
初榨橄欖油 27g、香椿（切碎）100g

B 起司 180g

作法

1. 材料 A 全部倒入鋼盆中以手攪拌均勻為麵團。
2. 桌面先撒些許麵粉，防止沾黏。
3. 麵團放於桌上持續搓揉，揉約 30 分鐘，待麵團表面產生光滑。
4. 放進鋼盆裡，覆上保鮮膜，放入冰箱低溫發酵。
5. 低溫發酵至少需經過 8 小時（可延長到 12 小時）發酵，取出麵團放於室溫下約 3 小時（夏天溫度高，可縮短，冬天要較長時間），使其回溫並加速發酵。
6. 發酵後的麵團會膨脹約 0.5 ～ 1 倍，以刮板分割稱重，每顆重量約 300g。
7. 靜置約 10 分鐘，麵團包入起司 30g，整形為長橢圓形。
8. 放於發酵布上，放置涼爽處發酵約 1 小時。
9. 麵團表面用小刀劃出紋路。
10. 進爐前約半小時，先開啟烤爐開關以上火 200℃／下火 180℃預熱。
11. 待麵團只要再發酵約 0.5 倍大，即可進爐烘焙約 25 ～ 30 分鐘。
12. 烤好的麵包用手指輕敲底部，有叩叩聲即表示熟了，或插入溫度計，超過 95℃就可出爐。

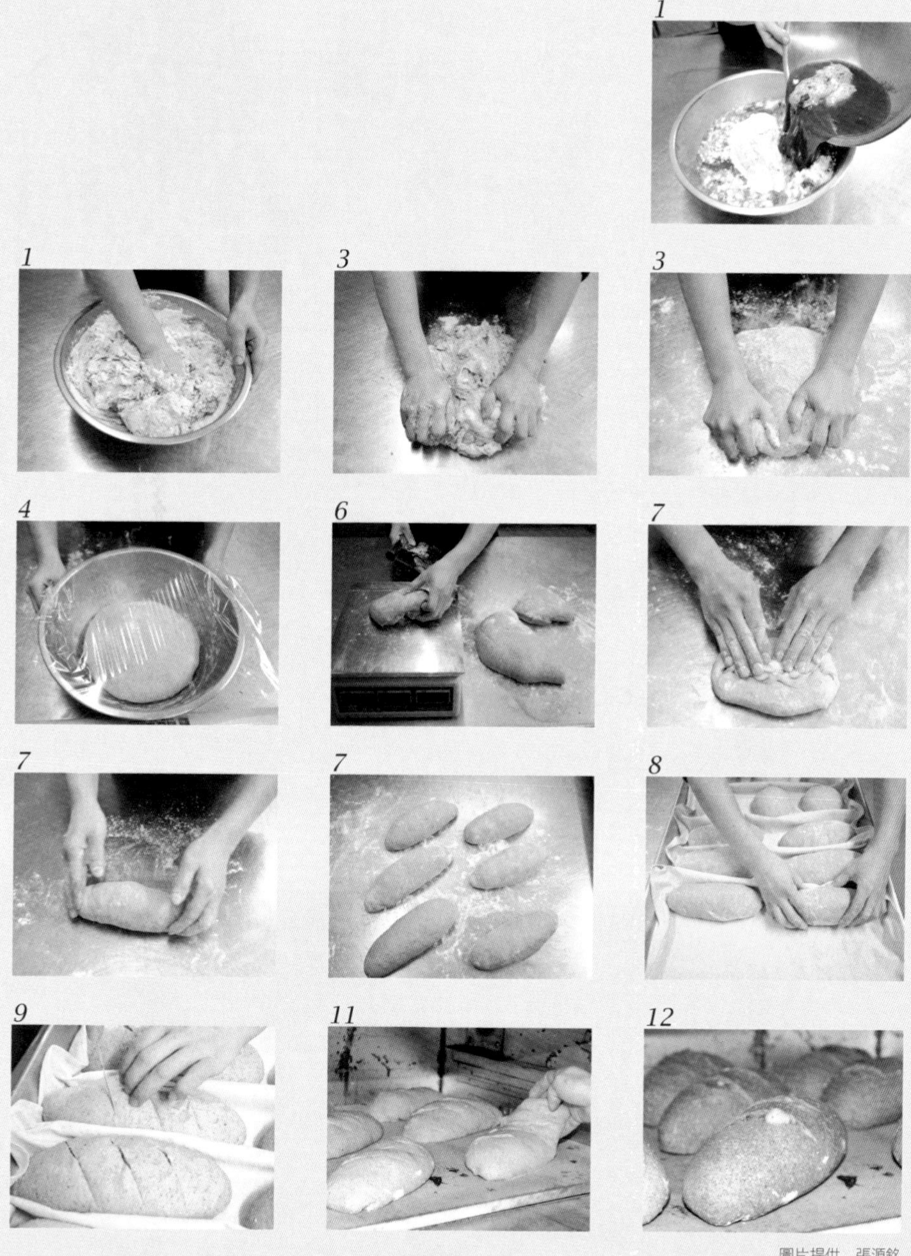

圖片提供　張源銘

聖女小番茄

飽滿圓潤的紅色果實

小番茄的營養價值高於大番茄，其中的茄紅素更是抗氧化的重要來源之一；以番茄入菜，更可增添色澤與風味。

番茄做麵包 增添義式風味

番茄是義式料理的主要基底之一，好像食材裡加了番茄，就有著濃濃的義式風味。番茄特有的酸味，的確在許多料理中有著畫龍點睛之妙，像披薩，如果沒了番茄醬，就跟沒了會「牽絲」的乳酪一樣，感覺就不是披薩了。

使用牛番茄製作麵包後，小巧可愛、風味甜美的聖女小番茄接著成為試驗品，於是趕緊著買來試做。

但是，看著小番茄，覺得它體積小，直接加進麵團太費工，也有點浪費。反向思考的結果，就是先烤熟，去除部分水分，讓它呈現有點乾的狀態，這樣風味不但鎖在果肉中且更加濃郁，包進麵團中，吃起來番茄味更濃厚。

在家利用烤箱烤小番茄乾，有點吃力不討好，許多市集有販售小番茄乾，可以買來先用水或橄欖油浸泡，再直接使用。

番茄乾搭配香草橄欖油 突顯口感層次

番茄一直都是錦上添花的角色，難以獨撐大局，就如牛番茄，加入麵團後，吃起來就稍嫌單調，既然有著義式風格，可以加點蔬果增加層次。

添加蔬果時，因葉菜類容易過熟變黑，所以根莖及果實類是不錯的選擇，在製作「田園蔬菜麵包」時，我選用馬鈴薯切丁、毛豆和玉米粒入餡。你可以根據當季的蔬果選擇不一樣的餡料，重要的是選自己喜歡且合適的。而當餡料的蔬果總重以不超過配方麵粉重的兩成為宜。也就是麵粉總重如果是一公斤，那餡料重就不要超過兩百公克。

至於小番茄乾，如果麵團只單一包進番茄乾，風味太單薄，層次不夠。既然想到披薩風味，那就在麵團裡加入自製的普羅旺斯香草橄欖油，以取代配方中原有的油。包入番茄乾時，同時包進起司，就成了層次豐富的香草番茄起司麵包。小蕃茄乾的重量約是配方麵粉總重的10%為宜，也就是麵粉總重如果是一公斤克，那小番茄乾的重量就不要超過100公克。

食材處理DIY

小番茄乾

作法／

一 小番茄烘乾，或買市售小番茄乾。

二 用水或橄欖油浸泡，再直接加入麵團中。

香草番茄起司麵包

聖女小番茄製成的番茄乾與自製的香草橄欖油，讓麵包以披薩的風味呈現，少了披薩的油膩感，多了香草的清香，吃起來美味零負擔。

材料

A　雜糧粉 100g、高筋麵粉 660g、水 456g、自養酵母 152g
　　天然海鹽 15g、香草橄欖油 76g

B　小番茄乾 180g

C　起司 180g

作法

1　材料 A 全部倒入鋼盆，用手攪拌均勻為麵團。

2　桌面撒上些許麵粉，放上麵團繼續搓揉，揉約 30 分鐘，待表面產生光滑。

3　麵團放於桌面壓平，加入小番茄乾再將麵團鋪平。

4　刮板從麵團中間切開，取一半疊到另一半上方，從中對切後再疊。

5　切、疊的動作重複 5 次，就可以將小番茄乾平均分布於麵團中。

6　麵團整成圓形，表面盡量保持光滑，放進鋼盆，覆上保鮮膜，放入冰箱低溫發酵。

7　低溫發酵至少需經過 8 小時（可延長到 12 小時）發酵，取出麵團放於室溫下約 3 小時（夏天溫度高，可縮短，冬天要較長時間），使其回溫並加速發酵。

8　發酵後的麵團會膨脹約 0.5 ～ 1 倍，以刮板分割稱重，每顆重量約 270g。

9　靜置約 10 分鐘，麵團包入起司 30g，整形為圓形。

10　放於發酵布上，放置涼爽處發酵約 1 小時。

11　麵團表面用小刀劃出紋路。

12　進爐前約半小時，先開啟烤爐開關以上火 200℃／下火 180℃預熱。

13　待麵團只要再發酵約 0.5 倍大，就可以進爐烘焙約 25 ～ 30 分鐘。

14　烤好的麵包用手指輕敲底部，有叩叩聲即表示熟了，或插入溫度計，超過 95℃就可出爐。

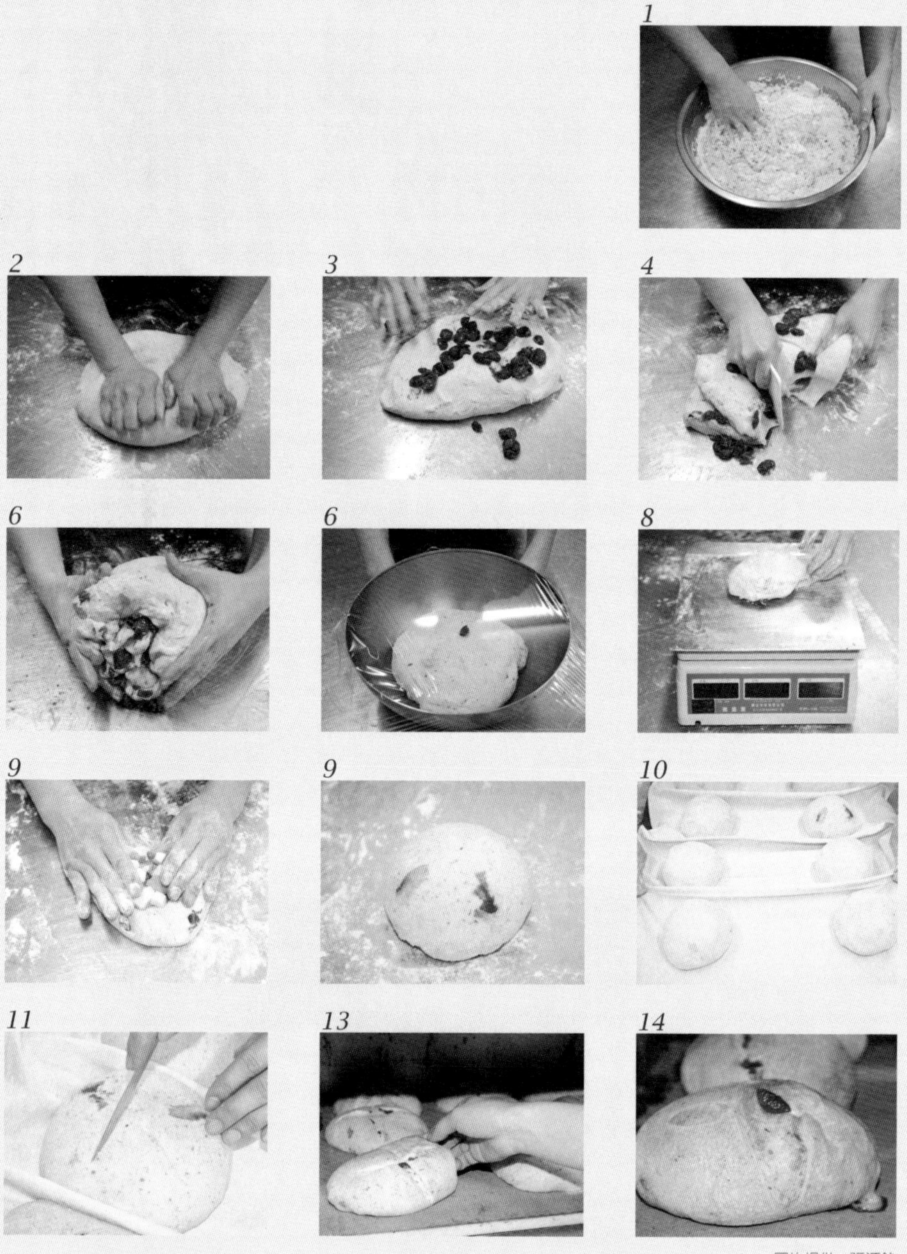

圖片提供　張源銘

紫山藥

補氣提神的紫人蔘

紫山藥又稱為「紫人蔘」、「紫淮山」，由於營養價值極高，有著一身美麗的紫色，不僅是美味佳肴的食材之一，也是很好的食補佳品。

心繫家鄉的鄉土情

人，有時就像是百香果或是風箏般，藤蔓或線伸得再長、再遠，終究有一端繫在你出生的地方。出身南投縣最沒沒無聞且最窮的中寮鄉，一年難得回去幾趟，但故鄉的人與事終究牽動著我的心，因為我的母親跟如同母親的鄉土大地就在那兒。

有次跟家母聊天，她提及有親戚的朋友為了尋出路，跟別人不一樣，種了一大片的紅薯（紫山藥）。結果，不懂得行銷，收成的紫山藥堆了滿倉庫。她感歎，農作都如此，就像家中那片一甲二的土地，好像未曾替我們帶來任何財富。

腦海中隨著母親感歎著農作難以持家的話題，想起小時候，炸紫山藥球是很難得的零食。不僅要自家當年有栽種（不是年年有種，苗種還要碰巧親友家有留），還要家母有空、有興致，才會炸紫山藥球給我們打牙祭。

有點濫情的我，想著，或許能買些紫山藥試著加進麵包裡，就請家母帶我去拜訪那戶人家購買紫山藥。一向眼大肚子小的我，還沒想好怎麼做，一買就4大袋，心想，管他的，又沒多少錢，大不了，自己吃。

載著紫山藥回到舞麥窯，看著大家疑惑的眼神，只好趕快思考怎麼呈現這兒時的美好食材。

絞盡腦汁 呈現出山藥的原味

那年的紫山藥去皮後，只有表層有著亮眼、尊貴的紫色，內部卻是白肉，跟我小時候的想像有差距。心想，這個紫色如果被掩蓋了，就可惜了紫山藥的名號，也難以讓人聯想麵包裡有這項食材。

最後，考量到加進麵團，在短時間內能跟著麵團一起烤熟，於是決定將紫山藥刨絲。等麵團打好後，再加進麵團裡稍微拌打一下，讓紫山藥絲混在麵團裡。麵包推出後，並未引起太多注意，加上食材經過運送，碰撞過的紫山藥存放不易，不久就會腐壞，推出一年後就束之高閣。

不過，經過時間的洗鍊，我們對天然食材入餡的方法了解更多，記憶中的美食還是不時會浮現腦海，紫山藥這食材就這樣，每到天寒時，就會引起我的幻想，總想設法讓它真的能在麵包裡呈現出來，受到大家的喜愛。

自然方式種植　色澤美口感扎實

二〇一三年底，後院為了綠化栽種的一小棵山藥收成，讓我又想起鄉下的紫山藥。透過家母的連絡，親戚家的紫山藥今年先寄一箱上來，還沒收到貨，家母已一再稱讚這次的紫山藥栽種方式回歸以往，讓根部自由生長，不再替它挖豎坑或埋塑膠管幫助根部生長，整根山藥都是紫色的，而且紫得很美。

收到貨後連忙打開箱子，拿了一根紫山藥削了皮，切開一看，果然整個剖面都是紫色，而且是亮紫色。誰說天然食材色澤不夠鮮豔，

圖片提供　張源銘

看了紫山藥的顏色，就不必再多說。

用料理器把紫山藥塊磨成籤狀，由於它本身有黏性，就加了糖，照著記憶中的方式，煎「紅薯餅」，回憶一下兒時的味道。吃了「紅薯餅」，看著美麗的紫山藥，深歎有時還是要採自然方式種植。就像養雞一樣，圈養的肉雞供應量大且規格統一，但放山雞就有著原來的風味；紫山藥也是，幫忙挖豎坑或放塑膠管，山藥容易長，但少了那扎實感，連顏色都失去了。

黑巧克力粉與紫山藥的絕妙搭配

既然顏色亮麗，就照著以往的配方做，一樣是刨絲加入麵團，因為這次對顏色有信心，就只在整形時抹上一層黑糖，增加一點黑糖風味，做成黑糖紅薯麵包。

紫山藥削皮後會有黏液，刨絲要小心握好，以免傷到手。另外，煮熟前會「咬手」，從削皮開始，就要戴手套，否則，皮膚會很癢。製作時，因紫山藥的水分不多，直接加進麵團，對麵團的乾濕影響不大，因此，水的比例就不需多做調整，不必擔心太黏或太乾。

後來，覺得刨成細絲的紫山藥在和麵時會被麵團吸收到幾乎感受不到，因此，改成切小丁，一樣是在麵團揉出筋度後，在流理台上攤平，紫山藥丁平鋪其上，從中切開，疊上，對切，再疊，重複5、6次即可。

除此之外，由於黑糖的風味還是太淡，剛好有商人推薦使用精純的無糖巧克力粉，就讓黑色的巧克力和紫色的紫山藥相遇，風味和顏色的表現都很不錯；巧克力粉就直接加進麵粉裡揉，紫山藥丁最後再拌入就大功告成。

如果想吃較單純原味的紫山藥麵包，也可仿效「南瓜吐司」的作法（詳見第２０４頁），製作紫山藥吐司。紫山藥可用不銹鋼湯匙刮成泥，再與水混合，當水用；使用和南瓜吐司相似的材料，即可烘焙出淡紫色的紫山藥吐司。

食材處理DIY

紫山藥

作法／

一　雙手戴上手套。

二　紫山藥洗淨後去皮，切丁狀。

三　紫山藥丁汆燙備用。

紫山藥煮熟前會「咬手」，建議從削皮開始，就要戴上手套，否則，皮膚容易發癢。

2

2

圖片提供　張源銘

黑巧克力紅薯麵包

紫山藥的蛋白質及澱粉含量極高，對於人體的皮膚與新陳代謝有益助；配上黑巧克力製作為麵包，令大人小孩都非常喜愛。

材料

A　雜糧粉 145g、高筋麵粉 575g、水 505g、自養酵母 145g、海鹽 11g
黑糖 72g、初榨橄欖油 22g、黑巧克力粉 120g

B　紫山藥 210g

作法

1　材料A全部倒入鋼盆，用手攪拌均勻為麵團。

2　桌面撒上些許麵粉，放上麵團繼續搓揉，揉約 30 分鐘，待表面產生光滑。

3　麵團放於桌面壓平，加入紫山藥再將麵團鋪平。

4　刮板從麵團中間切開，取一半疊到另一半上方，從中對切後再疊。

5　切、疊的動作重複 5 次，就可以將紫山藥平均分布於麵團中。

6　麵團整成圓形，表面盡量保持光滑，放進鋼盆，覆上保鮮膜，放入冰箱低溫發酵。

7　低溫發酵至少需經過 8 小時（可延長到 12 小時）發酵，取出麵團放於室溫下約 3 小時（夏天溫度高，可縮短，冬天要較長時間），使其回溫並加速發酵。

8　待麵團膨脹約 0.5 ～ 1 倍大，即把麵團放在桌上，以刮板分割稱重，每顆重量約 300g。

9　麵團整圓，靜置約 10 分鐘後整形為橄欖形。

10　整形好的麵團放於發酵布上，放置涼爽處發酵約 1 小時。

11　以小刀在麵團表面劃出紋路。

12　進爐前約半小時，先開啟烤爐開關以上火 200℃／下火 180℃預熱。

13　待麵團只要再發酵約 0.5 倍大，即可送進爐中烘烤，約 25 ～ 30 分鐘後取出。

14　烤好的麵包用手指輕敲底部，有叩叩聲就表示熟了，或插入溫度計測溫，超過 95℃度就可出爐。

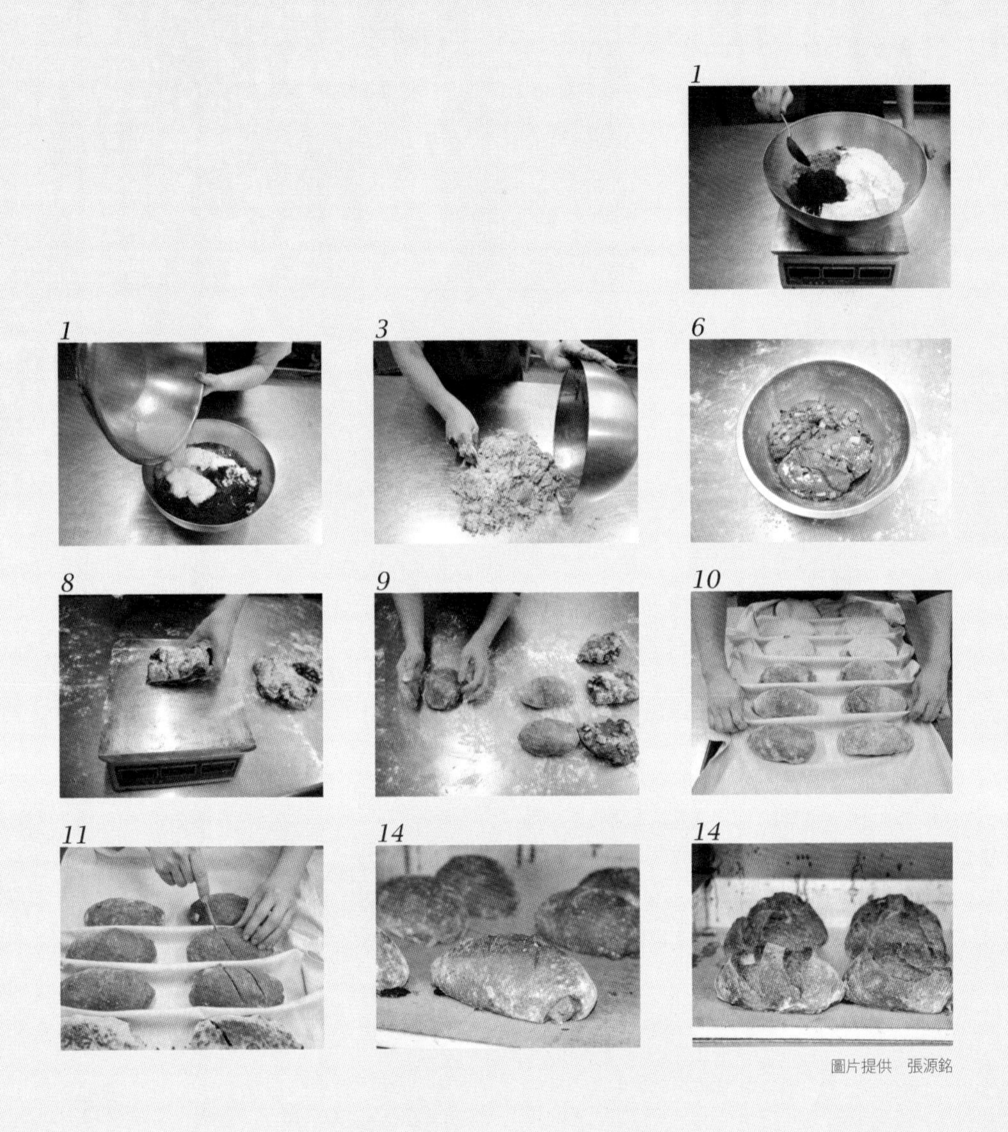

圖片提供 張源銘

珠蔥

香氣濃郁的美味主角

蔥白短、蔥頭飽滿、身形嬌小的珠蔥水嫩多汁，有別於一般的蔥總有一股嗆味，它卻帶有濃郁、溫和且有甜味的蔥香，是絕佳的天然調味品。

靈光乍現 珠蔥入餡

出身農家，從小看著農人樂天知命地跟老天討生活，對於農人總有一股莫名的親切感。只要有機會，就會想跟他們聊聊，如果能讓他們如願的賣出自家的農產品，更是樂意。因此，不論出遊或東逛西逛，看到路邊擺攤展售現採農產品的農人，有時就會像是反射動作般的，靠邊停車，寒暄幾句。問些農作的常識，增長自己見識，順便也買些回家打牙祭。

「三星蔥」是大眾耳熟能詳的農產品，三星蔥油餅更是名聞遐邇。但住在基隆20年，一直有不同的蔥味在鼻尖飄香。那就是珠蔥。一種長得沒有三星蔥直挺、顏色白，但根部卻有咖啡色結球的蔥。它沒有三星蔥那般的嗆辣口感，反而有更多層次的蔥香及甘甜，是讓人吃了會回味的蔥。不過，總覺得市面上好像時有時無，似乎只有在產地附近才買得到。

創新麵包口味，有時常是眾裡尋他千百度，驀然回首，伊人就在燈火闌珊處。千思萬想，翻開各家食譜，尋找靈感，就是想不出什麼名堂；但有時，四處隨意走走，深藏腦海的記憶被翻起，就能看到入餡的好食材。珠蔥就是一例，先前曾思考過要不要用三星蔥做蔥麵包。可總覺得用三星蔥做麵包，風味的層次感不足夠，也就一直擱著。

今年9月，隨著秋風起，趁著半天的空檔，跟內人開車到平溪走走。沒看到十分大瀑布，倒是在停車要走靜安吊橋時，看到靜安路旁認真整理珠蔥的農婦擺售一些青菜和珠蔥。先是跟她聊一下珠蔥的栽種季節和農藥、肥料的使用情形，她說，生長期只有3個月，且味道重，根本不用農藥，肥料也是使用有機肥。不敢說有機，至少是無毒。

樂天知命的在地小農

問明一把珠蔥50元，聞到那濃烈的蔥香味，當下忍不住就買2把。由於攤上只剩一把，農婦正努力的整理第二把，等了大約十分鐘，我終於買到了2把，共100元。等候時，另有人湊近，看來是熟客，直接說要買5把，農婦請她到附近走走，因為她要整理約兩個半小時。

一聽，真有點嚇一跳，算一算，她的時薪竟然這麼低，但她卻一樣快樂的一株接一株的清理珠蔥，好像是她的使命。大家想想，5把珠蔥如果不算拔及栽種成本，當做是天上掉下來的禮物，總共賣了250元，除以2.5小時，這樣平均下來，時薪是100元，比勞基法規定的最低時薪還低。

但是栽種總要成本，收割也要時間，聽農婦說，如果代賣，一把就20元的整理工錢，半小時20元，時薪就是40元。有人替他們叫屈嗎？沒有。她會叫屈嗎？也不會，倒是樂天知足的工作，就盼採摘的菜能賣完。

這讓我想起，先前回鄉去看鄰居採摘龍眼。爬樹採摘龍眼算是技術工人，所以按日計酬，單日工資一、兩千元，如果跟都市的時薪工計算，他們工時長，工作環境不佳，還有安全風險，難怪越來越少人願意做；此外，一籮籮的龍眼載回家後，接下來就要靠密集人力，把一串串的龍眼剪成一顆顆，這是婦人和小孩賺外快的機會。但這些幫忙的農家婦人和小孩，剪一天下來，能賺的真的少的可憐，手腳快的，一天賺個五、六百元，已是極限了。

付了錢，掂著手裡的2大把珠蔥，心裡真的感恩。我們社會有這樣樂天知命工作，工資被壓得如此低的農人肯努力付出，大家才有穩定的物價。農人很可愛，只要能賣光，他們就有無限的成就感；你要多給他錢，他還不見得要。

這就像我家鄰居「阿錦伯」的鳳梨。由於他的鳳梨，吃起來甜美，我都委託家母向他訂貨，由家母直接在鄉下老家去皮現烤。他賣的是產地價，價格比透過網路購買的無毒鳳梨還低，甚至比基隆這邊水果攤慣行農法的零售鳳梨低。基於感恩，我特地請母親主動要求每斤願意多付5元。但，阿錦伯就是不要，他覺得訂了價錢，就不該多收。何況，賣其他人都是同樣的價錢，不應該只賣我貴，最後只希望我寄2個用他們鳳梨做的麵包給他嘗嘗就好了。

言歸正傳，買了珠蔥，首要之務，當然是先拿一把炒來打牙祭，回味一下那滋味；剩下的一把，就拿來做麵包。

珠蔥與切達起司的絕佳美味

既是蔥，心裡就想著，可以仿效蔥油餅，但要創新一下。看看冷藏庫房裡有切達起司、黑芝麻，那就先試著做珠蔥起司麵包。先把珠蔥切段，加入切達起司絲、黑芝麻、玄米油（可省略）和一點鹽，拌好備用。

麵團的部分，油、水比例也略做調整，水的烘焙百分比調到65%，油的烘焙百分比調到10%，就能做出較滑潤口感的麵包。試做的結果，相當滿意，珠蔥的風味和切達起司相當合，吃過的朋友也稱讚。

打鐵趁熱，決定把珠蔥起司麵包列為例行出爐的品項。為了珠蔥貨源，趕忙請內人專程開車去買。由於是非假日，又有點雨，遊客不多，現場整理好的珠蔥就有12把，當然就全部收了，而且留下電話，待下次要去拿時，請她先農婦笑得真開心。

其實，我們能買的量真的有限，力量真的不大。但大家如果都能多跟小農購買，集合起來，力量就無限大。直接跟農人買，減少不必要的層層剝削，讓他們覺得努力是有希望，這樣一來，我們的土地和環境才可能朝正向發展。

食材處理DIY

珠蔥起司餡

作法／

一　珠蔥洗淨，去掉根部的黃皮，切成約二公分的蔥段。

二　珠蔥段295g、切達起司絲275g、芝麻20g倒入鋼盆中。

三　倒入玄米油16g，撒入天然海鹽6g，用手攪拌均勻，即為珠蔥起司餡。

1

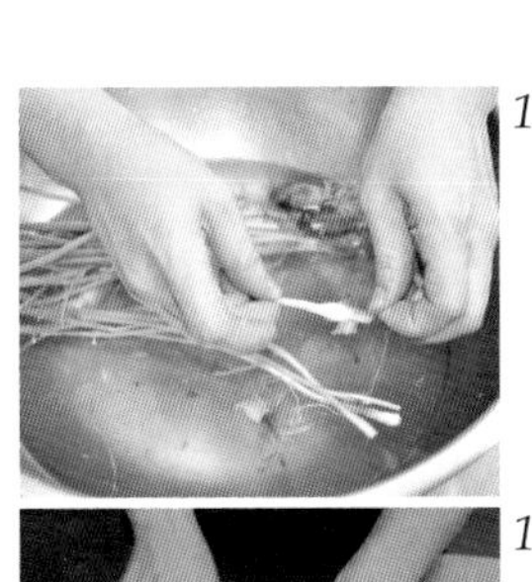

1

3

3

圖片提供　張源銘

珠蔥起司麵包

當有著溫和香氣的珠蔥遇上切達起司，濃郁的蔥香加上乳酪香，咬上一口，嘴裡香味四溢。

材料

A 高筋麵粉（可酌加 20% 的中筋麵粉）750g、雜糧粉 200g、水 554g
鹽 10g、自養酵母 185g、玄米油 90g

B 珠蔥起司餡（珠蔥 295g、切達起司絲 275g、芝麻 20g、玄米油 16g
天然海鹽 6g）612g

作法

1. 材料 A 全部倒入鋼盆中，用手攪拌均勻為麵團；桌面先撒上少許麵粉，防止揉麵團時沾黏於桌面。
2. 麵團倒於桌面上，以手持續搓揉，揉約 30 分鐘，待麵團表面產生光滑狀。
3. 稍微壓平麵團，取部分麵團放於鋼盆內，壓平，鋪上珠蔥起司餡，再取部分麵團，壓平疊上，再鋪上珠蔥起司餡。
4. 重複作法 3 的動作，直至麵團用完，蓋上保鮮膜，放入冰箱低溫發酵。
5. 低溫發酵 12 小時候，取出放於室溫下約 3 小時（夏天溫度高，可縮短，冬天要較長時間）回溫並加速發酵。
6. 待麵團膨脹約 0.5 ～ 1 倍大，就可把麵團放於桌上，以刮板分割稱重，每顆重量約 400g。
7. 麵團整圓，整圓時盡量不要讓餡料外露，以免烘焙時表皮破裂，外觀不佳。
8. 整形好的麵團放到發酵布上於涼爽處發酵約 1 小時，以手稍微輕壓整形。
9. 進烤爐前約半小時，先開啟電爐開關以上火 200℃／下火 180℃預熱。
10. 當麵團再發酵約 0.5 倍大，就可以送進烤爐烘焙約 25 ～ 30 分鐘。
11. 烤好的麵包用手指輕敲底部，有「叩叩」聲即表示熟了，或插入溫度計，超過 95℃就可出爐。

圖片提供　張源銘

書名　舞麥2 天然食材的美味麵包
作者　張源銘（舞麥者）
攝影　楊志雄

發行人　程顯灝
總編輯　呂增娣
主編　李瓊絲、鍾若琦
執行編輯　吳孟蓉
編輯　程郁庭、許雅眉
編輯助理　鄭婷尹
美術主編　潘大智
美術編輯　游騰緯
行銷企劃　謝儀方

出版者　四塊玉文創有限公司

總代理　三友圖書有限公司
地址　106台北市安和路2段213號4樓
電話　(02) 2377-4155
傳真　(02) 2377-4355
E－mail　service@sanyau.com.tw
郵政劃撥　05844889 三友圖書有限公司

總經銷　大和書報圖書股份有限公司
地址　新北市新莊區五工五路2號
電話　(02) 8990-2588
傳真　(02) 2299-7900

初版　2014年11月
定價　新臺幣320元
ISBN　978-986-5661-12-0（平裝）

國家圖書館出版品預行編目（CIP）資料

舞麥2天然食材的美味麵包 / 張源銘（舞麥者）作. -- 初版. -- 臺北市：四塊玉文創，2014.11
面；　公分
ISBN 978-986-5661-12-0(平裝)

1.點心食譜 2.麵包

427.16　　　　103021002